Claus Teslau

Stresspunktmassage

nach Jack Meagher

Mit Triggerpunkt-Behandlung

und Dry Needling

AF637355

Müller Rüschlikon

Einbandgestaltung: Kornelia Erlewein

Titelbild: Julia Rau

Bildnachweis: Siegbert Altenhofer Sport- und Modefotograf, St. Wendel: 128+129; DIPO, Dülmen: S. 4, 32; Sabine Heüveldop, Dülmen: S. 6/7, 21; www.horsephoto-kost.de: Seite 43 unten; U. Kozik, Tecklenburg: S. 28 unten, S. 139; Multimedia Studios Flotow: S. 34; Dr. J. Schwarzl, Hamburg: S. 13/14, 28 oben; Carola Steen, Ditzingen: S. 42 links oben + mitte; www.stuewer-tierfoto.de: S. 16
Alle übrigen Fotos privat.

Die Muskelskizzen wurden von Astrid Brillen (Nümbrecht) und Herma Teslau (Rheine) erstellt.

Alle Angaben in diesem Buch wurden nach bestem Wissen und Gewissen gemacht. Sie entbinden den Pferdehalter nicht von der Eigenverantwortung für sein Tier. Für einen eventuellen Missbrauch der Informationen in diesem Buch können weder der Autor noch der Verlag oder die Vertreiber des Buches zur Verantwortung gezogen werden. Eine Haftung für Personen-, Sach- und Vermögensschäden ist ausgeschlossen. Dieses Buch wurde nach den geltenden Vorschriften der General Product Safety Regulation (GPSR) entwickelt. Bei Fragen oder Problemen wenden Sie sich bitte an den Verlag unter folgender E-Mail-Adresse: gpsr@paul-pietsch-verlage.de

ISBN 978-3-275-01968-7

Copyright © 2006 by Müller Rüschlikon Verlag
Postfach 103743, 70032 Stuttgart
Ein Unternehmen der Paul Pietsch Verlage GmbH & Co. KG

6. Auflage 2025

Sie finden uns im Internet unter www.mueller-rueschlikon-verlag.de

Nachdruck, auch einzelner Teile, ist verboten. Das Urheberrecht und sämtliche weiteren Rechte sind dem Verlag vorbehalten. Übersetzung, Speicherung, Vervielfältigung und Verbreitung einschließlich Übernahme auf elektronische Datenträger wie DVD, CD-ROM usw. sowie Einspeicherung in elektronische Medien wie Internet usw. ist ohne vorherige Genehmigung des Verlages unzulässig und strafbar.

Gesamtleitung: Claudia König
Lektorat: Steffi Gaede
Innengestaltung: grafik+design Erlewein, Stuttgart-Freiberg
Druck und Bindung: Graspo CZ, 76302 Zlin
Printed in Czech Republic

INHALT

VORWORT

Dr. med. vet. Peter F. Cronau, Bochum-Wattenscheid, Fachtierarzt für Pferde, Fachtierarzt für Chirurgie, Vorsitzender der FEI Veterinärkommission (1990–1998).

Aus verschiedenen Gründen – sei es Tradition, Unkenntnis oder einfach Unbekümmertheit – sind wir versucht, Standards und Regeln zu erarbeiten, und sie in Normen zu pressen. So ist das auch in der Medizin der Fall. Die Schulmedizin sieht in sich die alleinige Zuständigkeit, wenngleich zahlreiche alternative Heilmöglichkeiten existieren, die man als flankierend oder eben alternativ bezeichnet. Wenn schon die interdisziplinäre Zusammenarbeit in der Schulmedizin nicht wunschgerecht funktioniert, wie soll dann die Zusammenarbeit zwischen der Schul- und alternativen Medizin gelingen?

Es bedarf eines größeren Erziehungs- und Gewöhnungsaufwandes, um im Sinne der Patienten Kombinationsmöglichkeiten in der Heilkunde zu erkennen und zu praktizieren.
So stellt das Buch von Herrn Claus Teslau einerseits ein willkommenes Werk auf den ersten Blick als Nischenausfüllung dar, andererseits ist es äußerst geeignet, auch schulmedizinischen Interessenten Wissen auf einem Gebiet zu vertiefen, welches bisher in der Pferdesportmedizin allenfalls stiefmütterlich behandelt wurde. Die Stresspunktmassage (SPM) stellt eine anerkannte Methode dar, den Gesundheitszustand des Athleten Pferd bei den heutigen Leistungsanforderungen in allen Pferdesportarten zu verbessern und dem Pferd einen effektiveren Einsatz zu ermöglichen. Im Besonderen sei angemerkt, dass es sich nicht um eine medikamentöse Hilfestellung handelt, sondern um eine rein manuelle Behandlung an den Nahtstellen zwischen dem Festkörper »Knochen« und dem Übergang und Verlauf von Bändern, Sehnen und der Gelenkkapsel.
Seit über zwanzig Jahren hat sich Claus Teslau intensiv mit der Methode beschäftigt, Bestehendes vertieft und mit eigenem Know-how sinnvoll ergänzt.

Allen Studenten, Tierärzten, Physiotherapeuten und Pferdesportinteressierten sei dieses Buch ausdrücklich empfohlen.

Dr. Peter F. Cronau

VORBEMERKUNGEN DES AUTORS

Nach vielen Jahren der Ansammlung eigener Erfahrungen sowie Meinungen und Kommentare meiner Leser, Kollegen, Kursteilnehmer und Pferdebesitzer habe ich mich dafür entschieden, zu den einzelnen Stresspunkten (SP) Fotos und Hinweise zu der kompletten von J. Meagher beschriebenen Behandlungsweise so gut wie möglich darzustellen. Sie beinhaltet nicht nur direkten Druck, sondern auch Friktion und rhythmisches Drücken über den Muskelverlauf.

Genauso wichtig erscheint mir, dass unbedingt auf die richtige eigene Position bei der Untersuchung und der Behandlung des Pferdes zu achten ist. Diese dient sowohl der eigenen Sicherheit als auch der Effektivität der Behandlung.

Nachdem ich immer wieder festgestellt habe, dass mein bisheriges Buch* neben der großen Zahl der einzelnen Pferdebesitzer auch in Schulen und Einrichtungen, die sich mit der Ausbildung von Pferdetherapeuten beschäftigen, als Lehrbuch genutzt wird, habe ich einen weiteren Abschnitt über Therapie-Methoden angefügt, die im direkten Zusammenhang mit der Stresspunktmassage stehen. Diese sind **Triggerpunkt-Therapie** und besonders **Dry Needling** beim Pferd.
Der Abschnitt richtet sich selbstverständlich an den Leserkreis, der sich mit entsprechender Ausbildung professionell mit der Pferdebehandlung betätigt. Aber auch Pferdebesitzern ohne fachliche Ausbildung dient er dazu, das eigene Wissen um therapeutische Möglichkeiten bei Muskelproblemen zu erweitern oder gegebenenfalls fachkundig nach einem Therapeuten zu suchen, der derartige Behandlungen anbietet.

ISBN 978-3-275-02194-9

Buch-Tipp
In diesem Wellness-Ratgeber bekommen Reiter und Pferdebesitzer hilfreiche Anregungen zur Steigerung des Wohlbefindens ihrer Pferde. Im Vordergrund stehen bewährte Massage- und manuelle Techniken mit ausführlichen Erklärungen, wie sie u.a. Verspannungen vorbeugen bzw. lösen können.

*Bei dieser Ihnen vorliegenden Ausgabe handelt es sich um eine Überarbeitung und Erweiterung.

EINLEITUNG

Fast mein ganzes Leben haben mich Pferde begleitet. Ich kann sagen, dass mich die Pferde vor allem gelehrt haben, geduldig zu sein.
Als kleiner Junge habe ich zunächst voltigiert, dann bin ich etliche Jahre geritten und betreibe nun seit fast 25 Jahren aktiv Fahrsport mit Erfolgen bis zur Klasse M.

Die Liebe zu den Pferden haben auch meine Frau und mich zusammengebracht.
Schon jetzt möchte ich an dieser Stelle besonders meiner Frau Herma für ihre Mühe und Mithilfe bei der Entstehung dieses Buches, sowie für ihr Verständnis und ihre Toleranz danken, wenn ich mal wieder in »Pferdedingen« unterwegs war und sie allein zu Hause blieb und außerdem noch die Tiere zu versorgen hatte.
Betrachtet man die Weltgeschichte, ist festzustellen, dass Pferde unendlich viel für die

Menschheit geleistet haben. Sie haben über Jahrhunderte Strapazen ertragen und sind, besonders in Kriegen, zu Tausenden für die Menschen gestorben.

Vielleicht gelingt es uns gemeinsam mit dieser Arbeit einen winzig kleinen Teil den behandelten Pferden zurückzugeben, damit sie in der Lage sind, ihre Aufgaben in der jeweiligen Situation, in der sie sich befinden, mit Freude zu bewältigen und dass sie ihr Einsatz weniger belastet. Über 20 Jahre habe ich mich mit der Behandlung von Pferden beschäftigt. In sehr vielen Fällen war mit der angewendeten Therapie die Wiederherstellung der Gesundheit möglich.

Es bleiben aber auch etliche Pferde übrig, die trotz Ausnutzung aller Therapieformen, egal ob schulmedizinisch oder naturheilkundlich, nicht gesund wurden.

Dies gilt besonders für die Pferde, die sich im sportlichen Einsatz befinden. Wobei sich die Frage stellt, wo der sportliche Einsatz beginnt. Ist es der Freizeitreiter- oder -fahrer, der sein Pferd nur alle paar Tage durch Feld und Wald bewegt? Oder ist es der Reiter

Claus Teslau bei einem Voltigier-Turnier.

oder Fahrer, der ein Training betreibt und sich dann mit anderen bei Turnieren vergleicht und um Sieg oder Platzierung mit seinem Partner Pferd kämpft. Meine Meinung ist da sehr eindeutig. Beide Gruppen betreiben Sport mit den Pferden und verlangen ihnen Leistung ab.

Deshalb möchte ich an dieser Stelle zwei Punkte aus den »Ethischen Grundsätzen des Pferdefreundes« zitieren. Der erste Grundsatz lautet: »Wer auch immer sich mit dem Pferd beschäftigt, übernimmt Verantwortung für das ihm anvertraute Lebewesen.« Dies bedeutet in erster Linie, seinen Sport-, Freizeit- oder Arbeitspartner zu achten und zu respektieren. Verständnis für das Pferd und seine Bedürfnisse zu entwickeln, ist die Grundvoraussetzung für ein harmonisches Miteinander zwischen Mensch und Tier.

Der siebte Grundsatz lautet: »Der Mensch, der gemeinsam mit dem Pferd Sport betreibt, hat sich und das ihm anvertraute Pferd einer Ausbildung zu unterziehen. Ziel einer jeden Ausbildung ist die größtmögliche Harmonie zwischen Mensch und Pferd.«

Wobei es nicht um die Beherrschung schwieriger Übungen geht, sondern die harmonische Übereinstimmung zwischen dem Menschen und dem Pferd ist anzustreben, unabhängig davon, ob das Pferd leistungs- oder breitensportlich orientiert, eingesetzt wird.

Eine wesentliche Aussage möchte ich an dieser Stelle ebenfalls hervorheben:

Die Ethischen Grundsätze des Pferdefreundes, Züchters, Pferdehalters und Sportlers offenbaren sich nicht im Denken. Sie werden erst im Handeln des Menschen sichtbar und wirksam.

Der Mensch wird nicht an der bloßen Tatsache gemessen, dass er das Pferd als Teil der Schöpfung, als ein Stück Natur, als Freizeit- und Sportpartner erhält, sondern vor allem daran, wie er diese Aufgabe erfüllt.

Freude am Fahrsport: Claus Teslau in einer M-Dressur.

Die Ethischen Grundsätze sind als Heft bei der Deutschen Reiterlichen Vereinigung (FN), Warendorf, kostenlos erhältlich.

Wie bereits erwähnt, blieben bei vielen Pferden verschiedene Fragen offen: Wie kann ich dem Pferd helfen? Welche Möglichkeiten gibt es bei einem Pferd, das offensichtlich z. B. nach einer gut versorgten und ausgeheilten Verletzung trotzdem nicht zu seiner ursprünglichen Bewegungsqualität zurückgefunden hat?

Oder: Wie kommt es dazu, dass ein Pferd immer wieder Taktunreinheiten zeigt, die aber mit allen zurzeit bekannten und üblichen Untersuchungs- und Diagnosemethoden nicht zu ergründen sind?

Ganz oft wird berichtet, dass sich das Pferd auf der einen Seite schlechter stellen und/ oder biegen lässt als auf der anderen Seite –

Der Autor war auch im Springsattel erfolgreich, das Foto entstand während einer Siergerehrung.

Warten am Start zur Geländeprüfung.

Herma Teslau auf ihrem Dressurpferd Lucius.

damit ist nicht die Tatsache gemeint, dass alle Pferde eine hohle Seite und eine Zwangsseite haben –, oder dass verschiedene Lektionen kaum möglich sind.
Ebenso oft hört man vom »Verwerfen im Genick«. Der Schweif wird plötzlich vom Pferd zu einer Seite schief getragen. Weiterhin zeigt ein Pferd plötzlich oder auch schleichend unwillige Reaktionen beim Putzen oder Aufheben eines Beines. Dies alles deutet auf eine muskuläre Problematik hin.

Die meisten Reiter oder Fahrer sind oft ratlos. Auch vielen Tiermedizinern fehlt die Erklärung für verschiedene Probleme. Mir ist es zuerst nicht anders ergangen.

Mein Weg zur Stresspunkttherapie

Angefangen hat alles mit der Behandlung von Rennpferden (Trabern). Viele dieser Patienten zeigten zum Teil erhebliche Probleme in der Rückenmuskulatur, die durch medikamentöse Behandlung nur unzureichend zu bessern waren.
Fast gleichzeitig zeigte ein eigenes Dressurpferd zunehmende Schwierigkeiten mit der Rittigkeit.

Zunächst habe ich mich an meine Praktikantentätigkeit bei einem Kollegen erinnert. Dort wurden gelegentlich Pferde mit der Hand massiert. Nachdem ich nun begann, nach den Regeln der klassischen Massage und nach dem Studium diverser Literatur sowie Besuch weiterer Aus- und Fortbildungsseminare diese Pferde zu massieren, stellten sich erste Erfolge ein. Ergebnisse, die mich zufriedengestellt hätten, waren aber eher die Ausnahme. Trotzdem hat mich die Sache nicht ruhen lassen.

Beim weiteren Literaturstudium konnte ich feststellen, dass bedeutende Reitervölker schon in der Antike ihre Pferde massiert haben müssen. Auch in Veröffentlichungen verschiedener Fachorgane ist nachzulesen, dass Massage und artverwandte Techniken geeignet sind, bei richtiger Diagnose und entsprechenden Heilanzeigen unmittelbar von nachfolgendem Nutzen zu sein scheinen.
Dies ist sinngemäß die Aussage von Prof. Eduard Vogel (Königl. Württembergische Thierarzneyschule Stuttgart) 1884.

Es ist also festzustellen, dass letztlich Massage und im weitesten Sinne Physiotherapie bei Pferden nicht eine Erfindung unserer Zeit sind, sondern auf lange Tradition verweisen können.
Auch in außereuropäischen Ländern hat die Physiotherapie bei Pferden schon lange eine bedeutende Position. In den USA hat Jack Meagher bereits ab 1976 die amerikanische Equipe bei Weltmeisterschaften und Olympischen Spielen begleitet.
Ebenso wurden die Pferde der amerikanischen Vielseitigkeitsreiter von Jo An Wilson bei den Olympischen Spielen in Sydney betreut. Jo An Wilson war viele Jahre die Partnerin von Jack Meagher und führt heute seine Arbeit mit großem Erfolg weiter.
Vielleicht nahm in der Vergangenheit nur Deutschland bei der physiotherapeutischen Pferdebetreuung eine Ausnahmestellung ein. In unseren europäischen Nachbarländern, z.B. in den Niederlanden, gibt es schon seit Jahren das staatliche Studium des Tierphysiotherapeuten.

Eine offizielle Berufsbeschreibung gibt es bisher in Deutschland nicht. Die Ausbildung liegt seit einigen Jahren bei privaten Schulen. Lediglich die Ausbildungsprüfungsordnung (APO) der Deutschen Reiterlichen Vereinigung sieht ab 1. Januar 2006 den Ausbildungsgang Pferdephysiotherapeut vor.

Besonders hervorzuheben ist aber, dass die Inhaberin des DIPO (Deutsches Institut für Pferdeosteopathie) in Dülmen/Westfalen, Frau Beatrix Schulte Wien, in den vergangenen Jahren zum einen durch engagierte und qualifizierte Ausbildungen in ihrem Institut, vor allem aber auch durch ihre Präsenz auf Tierärzte-Kongressen, Messen, Ausstellungen und durch ihre Vorträge und Praxisarbeit auf die Möglichkeiten der Pferdeosteopathie und Pferdephysiotherapie aufmerksam gemacht hat. Dadurch sorgte und sorgt sie ganz sicher für eine wesentlich bessere Akzeptanz dieser therapeutischen Möglichkeiten.

Erste Erfahrungen

Als ich mich mit der Stresspunktmassage (SPM) nach Jack Meagher beschäftigte und sie auch in ersten Schritten einsetzte, kam ich bereits nach kurzer Zeit zu besseren Resultaten.

Ich erinnere mich an einen sehr erfolgreichen Traber, der auf Rennbahnen nur gewann, wenn er in eine bestimmte Richtung laufen konnte.
Sofern Rennbahnen eine andere Richtung vorschrieben als seine gewohnte, galoppierte dieses Pferd. Dies ist bekanntlich bei Trabern unerwünscht und führt in den meisten Fällen zur Disqualifikation.
Nach einer ersten Behandlungsserie berichtete mir der Fahrer von einer für ihn ungewohnten, verbesserten Einsatzfreude auf der für das Pferd unbequemen Seite. Es dauerte nicht lange, dann kam auch der erste Sieg auf

Warten auf die Siegerehrung.

Imke Peters, Ladbergen/Westfalen mit Prinz Pep.

einer »Problem-Rennbahn«. Leider habe ich dieses Pferd aus den Augen verloren.

Ein weiteres Erfolgserlebnis aus meinen Anfängen mit der SPM war die Genesung eines Dressurpferds. Einige Tage vor einem wichtigen Mannschafts-Dressurwettbewerb zeigte das Pferd plötzlich Taktfehler, die bisher nie aufgetreten waren. Nur zwei Behandlungen waren nötig und Mirage trug mit seiner erfahrenen Reiterin dazu bei, diesen wichtigen Wettbewerb mit der Mannschaft ohne Taktfehler zu gewinnen.

Mir wurde einmal ein jüngeres Springpferd vorgestellt, das plötzlich nur unter Schwierigkeiten in Wendungen nach links zu reiten war. Hier waren mehrere Behandlungen nötig, die aber dann laut Reiterin dazu führten, dass es wieder richtig Freude machte, Prinz Pep zu reiten.

In der Folge kamen immer mehr Reiter, aber besonders auch Gespannfahrer, und baten um Behandlung ihrer Pferde.

So werden von mir die Ponys aus dem Gespann von Martin Thiemann, Saerbeck/Westfalen seit Jahren betreut. Martin Thiemann hat in seiner langen Fahrsportkarriere nationale wie internationale Erfolge bis hin zum Gewinn der Mannschafts-Goldmedaille bei der ersten Pony Weltmeisterschaft 2003 in Österreich erreicht. In der Einzelwertung erreichte er die Silbermedaille.

Weltmeisterschaft 2003 in Österreich: Martin Tiemann bei der Siegerehrung. Er erhielt eine Silbermedaille.

Deutsche Meisterschaft in Luhmühlen 2005.

Minden 2005: Einfahrt ins Wasserhindernis in der Geländeprüfung.

Martin Thiemann

Seit mehreren Jahren werden meine Ponys von Claus Teslau betreut. In erster Linie werden sie behandelt, wenn Probleme auftreten, wie beispielsweise vor einigen Jahren vor einer Deutschen Meisterschaft. Im Trainingslager stellten sich die Vorderponys in meinem Viererzug extrem nach innen. Alle Maßnahmen, dies abzustellen, brachten kein Ergebnis, enge oder schnelle Wendungen zu fahren, war äußerst schwierig. Beide Ponys wurden vor dem Start mehrfach mit SPM und ergänzenden physiotherapeutischen Maßnahmen behandelt. Insbesondere während der sehr anstrengenden Geländefahrt in Greven (Westfalen) hatte ich mit meinen beiden vorne dann überhaupt keine Probleme mehr. Insgesamt waren die Ponys besonders frisch und leistungsbereit.

Da ich nun schon seit Jahren die Arbeit von Claus Teslau in Anspruch nehme, ist bislang anzumerken, dass der Tierarzt eher seltener bei uns ist. Damit ist gesagt, dass die Verletzungsanfälligkeit der Ponys deutlich gemindert wurde.

Selbstverständlich kann Physiotherapie kein sorgfältiges und auf die Anforderungen im Hochleistungssport abgestimmtes Training ersetzen. Ohne entsprechende Fütterung, beratendes Training – speziell mit dem Bundestrainer – und begleitende Physiotherapie kann man auch gegen zunehmend starke internationale Konkurrenz zu sehr guten Ergebnissen kommen. Dass die zur Verfügung stehenden Ponys auch entsprechende Klasse und Vermögen haben müssen, versteht sich dabei wohl von selbst.

An dieser Stelle muss nun der Hinweis erfolgen, dass Erfolge wie sie bei Martin Thiemann und auch anderen Reitern und Fahrern beschrieben werden, nicht mit der SPM alleine zu erzielen sind.

Wichtig ist aber, dass alle Pferde individuell, ihrem Alter und Vermögen entsprechend trainiert und ausgebildet, sowie physiotherapeutisch begleitet werden.

Grundlage für alle Reiterei und den gesamten Fahrsport ist und bleibt die Skala der Ausbildung. Die Abfolge dieser Skala ist unabänderlich. Wenn danach ein Pferd aufgebaut wird, kann von einer soliden Grundlage ausgegangen werden.

Die Gesundheit des Pferdes muss und wird immer im Vordergrund zu stehen haben, damit für das Pferd hoch schmerzhafte Probleme, wie im nachstehenden Artikel des Dr. med. vet. habil. Peter Launer Dresden-Zaschendorf beschrieben, erst gar nicht entstehen.

Das Pferd wurde bei einer Europa-Meisterschaft Distanzreiten völlig überfordert.

»TOTAL KAPUTT«

... unter diesem Titel erschien in einer Zeitschrift der Firma Euroriding der nachfolgende Artikel von Dr. Launer zum Thema belastungsbedingte Muskelschäden.

Die Skelettmuskulatur nimmt als aktiver Teil des Bewegungsapparates bis zu mehr als die Hälfte der Körpermasse des Pferdes ein. Sie ist ein hoch sensibles Organ, das bei richtigem Training in der Lage ist, kurzzeitig Höchstleistungen und enorme Dauerleistungen zu erbringen. Dabei laufen vielfältige Stoffwechselprozesse ab, bei denen die Energie chemischer Verbindungen in Bewegungsenergie umgesetzt wird. Das Blut muss bei der Versorgung der Muskulatur sowie beim Abtransport der Stoffwechselprodukte und der frei werdenden Wärme Erhebliches leisten. Deshalb ist Muskelgewebe sehr gut durchblutet. Das ist auch eine Ursache dafür, dass Muskelverletzungen in der Regel gut heilen. In 50 kg Muskulatur verzweigen sich die Blutgefäße zu einem Netz feinster Äderchen mit einer Gesamtlänge von 100 000 km. Im arbeitenden Muskel steigt die durchströmende Blutmenge auf ein Mehrfaches an.

Täglicher Weidegang reicht nicht!

Dass Muskulatur trainierbar ist, weiß wohl jeder. Welche großen Schäden aber hervorgerufen werden, wenn eine nicht ausreichend trainierte Muskulatur zu stark belastet wird, ist schon weit weniger bekannt. Wenn z.B. ein Pferd fünf Tage in der Woche fast ausschließlich in der Box steht und dann am Wochenende ausgedehnt und auch heftig geritten wird, sind Muskelschäden vorprogrammiert.

Daran ändert auch ein täglicher Auslauf im Paddock nichts. Auch bei Weidehaltung kann in der Eigenbewegung des Pferdes, die oft überschätzt wird, keinesfalls ein ausreichender Trainingseffekt gesehen werden.

Durch geeignetes Training kann die Muskulatur, wie andere Organsysteme des Körpers auch, an steigende Belastungen angepasst werden. Das ist natürlich nur im Rahmen der genetisch bedingten Veranlagung des Pferdes möglich.

Beim Training ist zu beachten, dass zwischen intensiven Belastungen Erholungsphasen liegen müssen, in denen sich die Leistungsfähigkeit des Pferdes stabilisiert.
Nochmalige Belastungen in diesen Phasen würden, auch wenn dem Pferd dabei nicht die volle Leistung abverlangt wird, einen gegenteiligen Effekt auslösen.

Ernst zu nehmende Anzeichen

Erkrankungen der Skelettmuskulatur treten relativ häufig auf. Sie werden aber oft, besonders in der Anfangsphase, nicht erkannt. Doch gerade das ist sehr wichtig, wenn lang anhaltende und schwer zu behebende Schäden vermieden werden sollen. Wie kann man also belastungsbedingte Muskelschäden erkennen?
Oft besteht das erste Anzeichen darin, dass die Pferde in der Box mit der Hinterhand nur ungern herumtreten. Beim Putzen der Rücken-, Lenden und Kruppengegend entstehen Schmerzen; die Tiere weichen aus, in dem sie den Rücken absenken. Die Pferde sind in der Arbeit unlustig und ermüden schnell. Später treten Verspannungen der langen Rückenmuskulatur und beidseitige Schrittverkürzung der Hintergliedmaßen auf. Die Pferde gehen steif und unwillig, galoppieren mit erhobenem Kopf, sind fest im Rücken und schlagen mit dem Schweif. In schweren Fällen bereiten die durch übermäßige Belastung hervorgerufenen Muskelentzündungen den Tieren solche Schmerzen, dass sie kaum noch vorwärts bewegt werden können. Das Erscheinungsbild kann dem einer Kolik sehr ähnlich sehen.
Muskelschäden infolge von Überlastung treten bei Pferden relativ häufig auf. Entscheidend ist, schon erste Anzeichen dieser Erkrankung zu erkennen und die richtigen Maßnahmen zu ergreifen. Sonst sind dramatische Folgeschäden vorprogrammiert.

Früherkennung ist wichtig

Bei Verdacht auf eine Muskelentzündung sollte immer ein Tierarzt hinzugezogen werden, der eine entsprechende Diagnostik einleitet. Dabei sind Blutuntersuchungen sehr wichtig. Bei der Schädigung von Muskelfasern treten vermehrt Enzyme in das Blut aus. (Das sind Biokatalysatoren, die für den Ablauf der Stoffwechselvorgänge im Muskel von außerordentlicher Bedeutung sind.)
Dieser Anstieg kann durch eine Stoffwechseluntersuchung des Blutes erfasst werden. Wichtig sind die Enzyme Creatinkinase (CK) und Aspartat Amino Transaminase (ASAT), die sich durch ihre Halbwertzeit unterscheiden. Darunter versteht man die Zeit, in der sich ihr Spiegel im Blut durch Ausscheidung auf die Hälfte verringert. Sie beträgt für Creatinkinase ca. zwei Stunden, für Aspartat Amino Transaminase dagegen 18. Aus dem Mengenverhältnis dieser Enzyme und ihrer Konzentration im Blut lassen sich also Hinweise auf den Zeitpunkt und die Schwere der Muskelschädigung ableiten.
Nachstehendes Beispiel bestätigt, dass es sehr wichtig ist, Muskelschäden frühzeitig zu erkennen, um weitere Belastungen und damit dramatische Erhöhung des Schadens zu vermeiden. Das geschieht durch aufmerksames

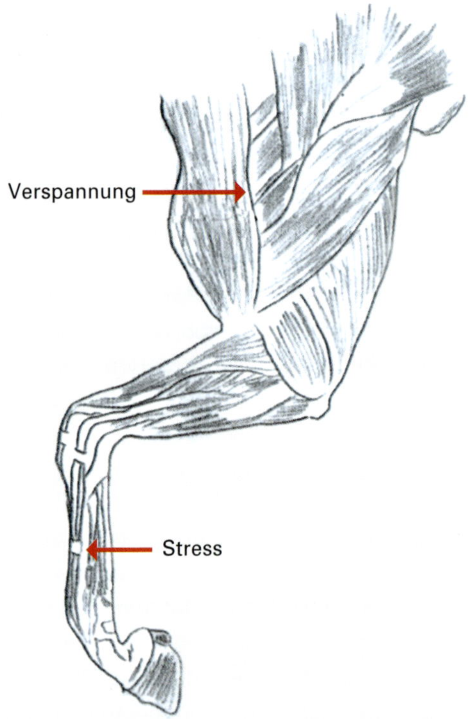

Bei diesem Beispiel der Muskeln der Vorhand wird deutlich sichtbar, wie dieses System miteinander verbunden ist. Daran ist auch zu erkennen, dass kleine verspannte Teile in diesem System durch ständigen Zug auf die beteiligten Sehnen bei plötzlichen Überlastungen zu Schäden führen können, deren Ursache dann nicht erklärbar ist.

tes Training in Wettkämpfen und seien es auch nur kleine Anforderungen, eingesetzt werden.

Damit ist gemeint, dass ich einem Pferd nicht nur Weidegang ermögliche und es dann am Wochenende zu einem mehrere Stunden dauernden Ausritt einsetze. Auch dazu bedarf es eines Mindestmaßes an Vorbereitung, um Muskelschäden zu vermeiden.

Hier wird sicher bereits verständlich, dass beispielsweise Sehnenschäden an der Vorhand, die dafür besonders prädestiniert ist, nicht immer ursächlich mit einem lokalen Problem einhergehen müssen, sondern vielleicht öfter als man vermutet ihre Ursache in Verspannungen der Schultermuskulatur haben.

Bei meinen Stresspunktmassage-Kursen am Deutschen Institut für Pferdeosteopathie (DIPO) haben in den letzten Jahren immer wieder Tierärzte teilgenommen. Auf meine Frage, inwieweit bei klinischen Untersuchungen von Sehnenschäden auch die beteiligte Muskulatur betrachtet würde, kam fast übereinstimmend die Aussage: »So gut wie nie.«

Um die Theorie und die daraus folgenden Behandlungen zu verstehen, ist es unbedingt erforderlich, sich mit dem Aufbau und der Funktion von Muskeln zu beschäftigen und besonders für professionelle Therapeuten unerlässlich, sich genaue Kenntnisse der Anatomie der Pferdemuskulatur zu verschaffen.

AUFBAU UND FUNKTION DER MUSKELN

Beim Pferd sind etwa 250 paarige und einige unpaarige Muskeln zu unterscheiden. Diese Muskeln versehen ihre Arbeit durch ***Kontraktion*** *(Zusammenziehen) als Beuger, Strecker, Ein- oder Auswärtszieher, Dreher, Spanner oder Schließer.*

Hier wird sehr deutlich, dass Muskeltätigkeit immer nur Zug bedeutet. Es gibt keinen Muskel der drückt.

Dies müssen wir bei aller Tätigkeit mit dem Pferd und den physiotherapeutischen Maßnahmen ständig in Erinnerung behalten. An den Enden der Muskulatur, auch wenn der Muskel scheinbar »fleischig« am Knochen sitzt, erfolgt die Verbindung immer über Sehnenfasern. Der Muskel kann sich sowohl als Muskelbauch mit einem sehnigen Ansatz und Ursprung darstellen oder der Muskelbauch hat mehrere sehnige Elemente, die dann die Bezeichnung z.B. Biceps (zwei) oder Triceps

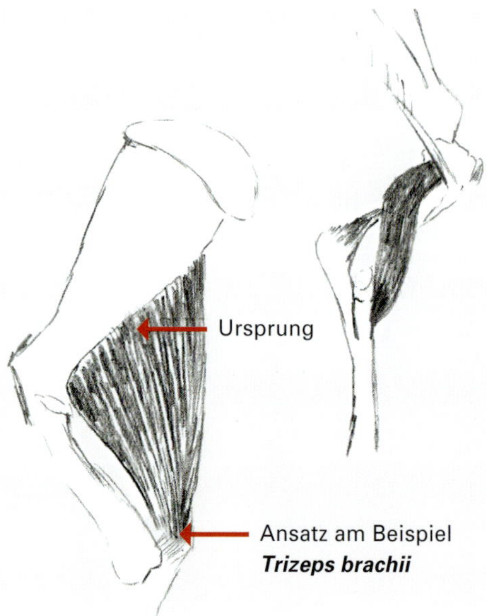

Muskelbauch – Ansatz – Ursprung.

(drei) oder weitere Bezeichnungen tragen. Der Anteil des Fleisches am gesamten Körpergewicht des Pferdes beträgt etwa 60 Prozent.
Das Muskelfleisch ist stark sehnig durchsetzt und hat eine dunkelrote Farbe, die beim Trocknen an der Luft fast schwarz wird.
Seine Farbe erhält der Muskel vom Muskelfarbstoff (Myoglobin), der dem roten Blutfarbstoff (Hämoglobin) verwandt ist und ebenso wie dieser in der Lage ist, Sauerstoff zu binden.

Die überwiegende Anzahl der Muskeln heften sich an durch Gelenke verbundene Knochen und dienen dementsprechend bestimmten Bewegungen. Einige Muskeln schließen Körperhöhlen (Brusthöhle, Bauchhöhle) ein oder grenzen sie voneinander ab. Hierzu gehören die Zwischenrippenmuskeln, das Zwerchfell und die großen Bauchmuskeln. Ihre wichtigste Aufgabe ist die Unterstützung bei der Atmung. Auf andere Muskeln, die keine unmittelbare Verbindung zum Skelett haben, soll hier nicht weiter eingegangen werden.

Die sich in Bewegung befindlichen Muskeln sind federnd dehnbar, d.h. die Muskulatur hat eine Dehnfähigkeit von etwa 90 %. Der Rest ist bei der Sehnendehnung zu finden.
Auch diese Tatsache ist bei der Stresspunktmassage und den später beschriebenen Dehnungen und ergänzenden Therapien von besonderer Bedeutung.
Die federnde Dehnung wird besonders bei der Landung des Pferdes nach einem Sprung deutlich. Hier wird das Körpergewicht in Sekundenschnelle durch gleitendes Nachgeben abgefangen.
Jeder Muskel wächst durch Übung, solange ein natürliches Maß nicht überschritten wird. Die starke Durchblutung infolge des Trainings und der Arbeit führt zum Aufbau neuer Muskelsubstanz. Aber es ist auch das Gegenteil bekannt. Lähmungen und Lahmheiten können zum Schwund ganzer Muskelgruppen führen.
Nahezu jede Bewegung des Körpers ist auf die Tätigkeit mehrerer Muskeln zurückzuführen.

Jede Bewegung kann durch eine Gegenbewegung wieder rückgängig gemacht werden. Diesen oder die betroffenen Muskeln bezeichnet man als **Agonist** (der Muskel oder die Muskeln, die eine Bewegung auslösen) und als **Antagonist** (der oder die Muskeln, die entspannen müssen, um die geforderte Bewegung zuzulassen). Entsprechend ihrer großen Leistung sind Muskeln reich mit Blutgefäßen ausgestattet. In 50 kg Muskelmasse sind fast 100 000 km Blutgefäße zu finden. Ihre sinnvolle Tätigkeit setzt eine lückenlose Nervenversorgung voraus, die bis zu den einzelnen Nervenfasern reicht und je nach Situation über das Rückenmark bis zum Zentralnervensystem (Gehirn) zuleitet.
Die Muskelfaser zieht sich zusammen, wenn sie über ihren zugeordneten Nerv gereizt wird. Wellenartig verläuft die Verkürzung durch die Muskelfaser. Dies erfolgt mit einer Geschwindigkeit von 10–14 m/sec.
Mit der Beanspruchung nimmt auch die Leistungsfähigkeit der Skelettmuskulatur zu. Starke sinnvolle Belastung ist Anreiz für große Leistung. Die Kraft des Muskels endet dann bei seiner Reißfestigkeit.

Bei jeder Muskeltätigkeit wird Wärme erzeugt. Der Schweißausbruch bei schwerer Arbeit macht die Wärme somit sichtbar. Bei der Muskelkontraktion (Zusammenziehen) wird durch stoffliche Umsätze viel Wärme frei. So werden fast 75 % der Körperwärme erzeugt. Die Quelle der Muskelenergie ist Traubenzucker, der in der Muskelzelle vorhanden ist und in den Leberzellen gespeichert wird.
Fortwährende Arbeit ermüdet die Muskulatur. Die Ermüdung ist eine Folge der Anhäufung von Stoffwechselschlacken (CO^2, Phosphorsäure, Milchsäure), die nicht schnell genug vom Blut beseitigt werden. In den Ruhepausen wird dies nachgeholt.

Die Steuerung der Muskulatur

Die Muskulatur kann zwei Funktionen ausüben: a) **Haltefunktion**, b) **Bewegungsfunktion**.

Damit alle betroffenen Muskeln diesen sehr unterschiedlichen Anforderungen gerecht werden können, braucht es ein ausgeklügeltes Steuer- und Regelungssystem. Diese steuernden Prozesse lassen sich als Regelkreis darstellen.
Die **Haltefunktion** gewährleistet, dass der Muskel seine Länge trotz ständig von außen angreifender Kräfte konstant halten kann.
Dies wird z.B. beim Transport im Anhänger oder dergleichen besonders deutlich, da sich dabei das Pferd ohne vorher zu sehen, permanent den sich ändernden Gegebenheiten anzupassen hat.
Die Muskellänge wird durch einen Fühler (**Muskelspindel**, die sich im Muskelbauch befindet) gemessen und die entsprechende Information an einen Regler (**Motoneuron** im Rückenmark) weitergegeben. Dieser Regler nimmt über die Muskelfasern die nötige Längenkorrektur vor.
Die **Bewegungsfunktion** der Muskulatur erfordert zur Steuerung einen ähnlichen Regelkreis. Dieser muss sich der ändernden Muskellänge und Spannung anpassen können. Dies geschieht über eine kontinuierliche Verstellung des Sollwertes.
Um Länge und Spannung des Muskels zu messen, finden sich sowohl in den Muskeln als auch in den dazugehörigen Sehnen spezielle Fühler (Rezeptoren): im Muskel, wie gesagt, die **Muskelspindel** und in der Sehne die **Golgi-Sehnenkörper**.
Die im Muskel parallel zu den Muskelfasern liegenden Muskelspindeln registrieren Längenänderungen des Muskels. Diese Informa-

tion wird über schnellleitende Nervenfasern an die dazugehörenden alpha-Motoneurone im Vorderhorn des Rückenmarks geleitet. Der Reiz bewirkt dort eine Erregung dieser Motoneurone. Dadurch wird eine Muskelkontraktion ausgelöst.
Diese Kontraktion hat zur Folge, dass die Dehnung und Reizung der Muskelspindeln aufhört. Die Kontraktion des Muskels lässt nach. Dieser durch eine Muskeldehnung ausgelöste Vorgang wird als Dehnungsreflex bezeichnet.

Viele in der Medizin diagnostisch verwendeten Reflexe laufen nach diesem Schema ab. Aber auch jede andere kurz dauernde Muskeldehnung verursacht reflektorisch eine Kontraktion des gedehnten Muskels, z.B. Wippen und Federn in der Schwunggymnastik.
Diese reflektorische Muskelkontraktion lässt eine optimale Muskeldehnung nicht zu. Beim *passiven statischen* Dehnen wird durch die gleichmäßige Steuerung der Dehnung ohne ruckartige Bewegung das Auslösen des Dehnungsreflexes erreicht. Der Muskel kann dann unter besten Verhältnissen gedehnt werden.
Über die richtige Anwendung der Dehnung, Techniken wird später noch eingehend gesprochen.
Die Information der Muskelspindeln wird nicht nur an die alpha-Motoneurone des zugehörigen Muskels, sondern gleichzeitig an Motoneurone seiner Gegenspieler (Antagonisten) weitergegeben. Dabei werden diese Motoneurone und damit die Antagonisten gehemmt. Dies nennt man dann *reziproke Hemmung der Antagonisten.*
So wird bei der Anspannung des Beugers die zugehörige Streckmuskulatur, bei Aktivierung des Streckers die zugehörige Beugemuskulatur entspannt.
Dieser Mechanismus zur Muskelentspannung wird beim *aktiven statischen* Dehnen ausgenützt.
Im Übergang zwischen Muskel und Sehne liegen die Golgi-Sehnenkörper. Sie werden dann erregt, wenn die Spannung und somit der Sehne stark ansteigt. Diese Information wird ebenfalls über Nervenfasern und dazwischen geschaltete Nervenzellen an die alpha-Motoneurone im Rückenmark weitergeleitet. Diese Motoneurone werden gehemmt und die Muskelkontraktion wird abgeschwächt. Eine Entspannung des Muskels und der Sehne sind die Folge.
Die Eigenhemmung dient zusammen mit anderen neurophysiologischen Vorgängen auf der Rückenmarksebene zur Erklärung der postisometrischen Hemmung. Diese Entspannungsphase kann zur optimalen Dehnung des Muskels ausgenützt werden.

Anspannungs-Entspannungs-Dehnen

Schon jetzt der Hinweis, dass zu meinem Verständnis der effektiven Stresspunktbehandlung unbedingt richtiges Dehnen gehört. Wie das zu erfolgen hat, ist in den entsprechenden Abschnitten dieses Buches zu finden.
Die bis jetzt geschilderten Vorgänge zur Muskelsteuerung sind für die in unserem Leben verlangten Bewegungsmuster zu wenig anpassungsfähig. Ein zusätzlicher Mechanismus erlaubt, die Empfindlichkeit der Muskelspindeln zu verändern. Spezielle Muskelfasern innerhalb der Muskelspindeln können sich durch Anspannen oder Entspannen der Fühler empfindlicher oder unempfindlicher gegen Längenänderungen einstellen.
Diese speziellen Muskelfasern werden ebenfalls durch motorische Nervenzellen im Vorderhorn des Rückenmarks – γ-Motoneurone – gesteuert.

Durch dieses Reglersystem, der genannten γ-Schleife, kann sich die Muskulatur den vielfältigen Anforderungen bestens anpassen.
Die Muskelsteuerung spielt sich natürlich nicht nur auf der Ebene Rückenmark und Muskel ab. Hier laufen wohl die rein reflektorischen Vorgänge, die, wie schon gesagt, bei den verschiedenen Dehnübungen ausgenutzt werden. Diesen übergeordnet sind die Zentren im Gehirn. Sie wirken jeweils aktivierend oder hemmend.

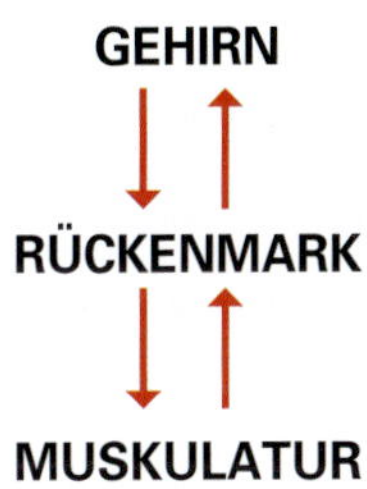

Die motorische Hirnrinde ist vor allem für die Willkürmotorik, der Hirnstamm für die Stützmotorik verantwortlich.

Die momentane psychische Verfassung des Pferdes hat erheblichen Einfluss auf den Spannungszustand der Muskulatur.
Diese Zentren sind wiederum mit anderen Hirnstrukturen verbunden, so dass, was in unserem Zusammenhang ganz wesentlich ist, auch die jeweilige psychische Verfassung Einfluss auf den Spannungszustand der Muskulatur nimmt. Dies gilt es bei den Dehnungen und natürlich auch bei allen anderen Anwendungen der SPM immer mit zu berücksichtigen.
Über die Muskelsteuerung gibt es noch wesentlich mehr zu sagen. Ich glaube aber, dass die vorstehenden Erläuterungen für das Verständnis der SPM ausreichend sind.

Die Entstehung muskulärer Probleme und ihre möglichen Folgen

Vorweg ist festzuhalten, dass besonders muskuläre, aber auch etliche andere Probleme immer durch ein Missverhältnis zwischen Belastung und Belastbarkeit entstehen.
Die meisten Telefonate oder Fragen bei Stallbesuchen beginnen damit, dass der Reiter/Fahrer davon berichtet, dass sich etwas beim Pferd auf unerklärliche Weise verändert hat.

- Es kann sein, dass plötzlich Lektionen nicht mehr gelingen oder sogar vom Pferd verweigert werden, die bis dahin problemlos möglich waren.
- Es treten auf einmal Taktfehler auf.
- Das Pferd springt immer wieder in den Kreuzgalopp.
- Das Pferd zeigt beim Putzen heftige Abwehr an bestimmten Körperstellen.
- Das Aufheben oder Aufhalten eines Beines bereitet Schwierigkeiten.
- Bei Springpferden erscheint es manchmal kaum möglich, verlangte enge Wendungen zu gehen, bzw. es kommen unerklärliche Verweigerungen an Sprüngen vor, obwohl, wie man sagt, alles passte.

Diese Aufzählung ist keineswegs vollständig und soll nur beispielhaft zu verstehen sein.

Ebenso wird berichtet, dass Pferde nach Verletzungen oder Klinikaufenthalten mit dem Entlassungsergebnis: »Alles gut verheilt!« nicht mehr ihre alte Bewegungsqualität zeigen.
Früher gaben all diese genannten Beschwerden oder Probleme häufig Rätsel auf. Heute gehen wir in vielen Fällen davon aus, dass Muskelprobleme dahinter stecken.

Wenn uns mögliche Ursachen bekannt sind – wie Verletzungen oder die Tatsache, dass sich das Pferd kürzlich festgelegen hatte – ist zunächst davon auszugehen, dass die genannten Erkrankungen oder Geschehnisse die Symptome hervorgerufen haben können. Viel schwieriger wird es, wenn keine Ursachen bekannt sind. Aus den Berichten von Jack Meagher und bestätigt durch meine eigenen Erfahrungen sind in der Tat in den allermeisten Fällen, Muskelverspannungen als Ursache zu suchen.

Wie entwickeln sich solche Verspannungen?

Zuerst wird jeder Muskel, der einen Schlag erhält, der überlastet oder überdehnt wird, mit Kontraktion reagieren.
In dieser verletzten Region entsteht ein Krampf, d.h. eine Gruppe von Muskelfasern verbleibt in einer so genannten starrkrampfartigen Situation.

Häufig handelt es sich nur um ein kleines Stück betroffenen Muskelgewebes, das zunächst völlig unbemerkt bleibt.
Dieser Teil des Muskels wird aber unter bleibender Belastung nicht mehr aktiv tätig und die umgebende Muskulatur übernimmt die Arbeit. Damit ist jedoch auch gleichzeitig eine Mehrbelastung der umgebenden Muskulatur zu erwarten, die ihrerseits dadurch weiter verspannen kann.
Es versteht sich eigentlich von selbst, dass dieser Zustand auch mit Schmerzen verbunden ist.

Betrachtet man nun die gesamte Muskulatur und deren Arbeit, dann findet man auch gleich eine Erklärung dazu. Der Körper funktioniert nur als Ganzes und sollte medizinisch auch so betrachtet und behandelt werden.

So entwickelt sich die Situation bis zu dem Moment, wo Reiter oder Fahrer derartige Veränderungen, wie oben beschrieben, bemerken.
Die Praxis zeigt dann, dass man zunächst, häufig aus Unkenntnis, von einer Widersetzlichkeit des Pferdes ausgeht. Sehr oft wird dann durch vermehrte Übung und andere Maßnahmen versucht, die vermeintliche Widersetzlichkeit zu eliminieren.
Das Ergebnis ist, dass sich die Problematik in sehr vielen Fällen verstärkt.

Zu Recht wird dann der Tierarzt zu Rate gezogen, der aber mit den üblichen Untersuchungsmethoden, die ohnehin sehr aufwendig und fast nur in Kliniken möglich sind, häufig keine Ursache finden wird, denn muskuläre Verspannungen sind mit den bisher bekannten technischen Untersuchungsmöglichkeiten kaum nachzuweisen. Damit sind allerdings nicht Überlastungen gemeint, wie sie von Dr. Launer beschrieben wurden.

Die Frage nach den möglichen Folgen, wenn mit einem Pferd trotz der vielen geschilderten Probleme weiter gearbeitet wird, beantwortet sich wie folgt: Es sind früher oder später Schäden an den Sehnen zu erwarten. Diese treffen zunächst hauptsächlich auf den Sehnenapparat der Vorderbeine zu. Weil besonders die Beugesehnen aufgrund ihrer Länge, der Kraft und dem Gewicht des Pferdes hier vermehrt Zerrungen erleiden können. Lahmheiten entstehen dann zwangsläufig. Dass Sehnenschäden nur langsam heilen und dass bei dieser Art Verletzung Rückfälle zu erwarten sind, ist heute fast jedem Pferdebesitzer bekannt. Und jeder erfahrene Tiermediziner wird diese Aussage bestätigen.
In der Praxis wird demzufolge dem Sehnenapparat von allen Beteiligten viel Aufmerk-

samkeit geschenkt. Die diesen Sehnen aber gewissermaßen vorgeschaltete Muskulatur wird häufig nicht beachtet, obwohl nicht selten dort die Ursache zu finden ist. Denn: **Verspannte Muskeln sind verkürzte Muskeln.** Das bedeutet schließlich: Es findet ein ständiger Zug an den betroffenen Sehnen statt. Anders gesagt: Der Muskel und die entsprechenden Sehnen können überhaupt nicht in die ihnen zugedachte Normalposition zurück. Es bedarf im Ernstfall oft nur einer kleinen zusätzlichen Belastung wie z.B. einer unglücklichen Landung nach dem Sprung, Reiten in tiefem Boden oder einer plötzlich geforderten engen Wendung und es kommt zu schwerwiegenden Verletzungen.

Weitere mögliche Ursachen für Muskelprobleme sind beispielsweise auch unpassende oder viel zu schwere Sättel. Auch Reiter mit hohem Gewicht auf kleinen Pferden oder Ponys und natürlich allgemein schlecht und/oder schief sitzende Reiter können für Muskelprobleme verantwortlich sein.

Ganz sicher sind zu den vorstehenden Themen und der entsprechenden reiterlichen Ausbildung eine Vielzahl von Anmerkungen notwendig. Dazu gibt es aber an anderer Stelle umfangreiche Aussagen und Literatur.

Ein Pferd mit einem guten Exterieur und gutem Charakter wird unter einem korrekt und geschmeidig sitzenden Reiter oder einem einfühlsamen und geschickten Fahrer sowie bei einer fachlich fundierten Aus- und Weiterbildung, die seinem Alter und seinem Leistungsvermögen entspricht, sicher erheblich weniger Muskelprobleme haben, als ein Pferd, dem diese Grundlagen nicht gegeben werden.

Obwohl man das kaum vermutet, gehören nicht korrekt oder gar nicht behandelte Zähne auch zu den möglichen Verursachern von Muskelverspannungen.
Unpassende oder nicht ordentlich eingeschnallte Gebisse können ebenso eine Ursache sein, wie schlechter Hufbeschlag, zu lange Beschlagsperioden mit entsprechendem Hornwachstum.
Auch auf einen passenden Sattel sollte großen Wert gelegt werden. Leider ist es in manchen Regionen noch immer wirklich schwierig, einen guten Sattler zu finden, der nicht nur verkaufen will, sondern der sich auch mit der Biomechanik des Pferdes auskennt.
Es kann nicht angehen, dass z.B. ein Sattel verkauft oder nachgearbeitet wird, ohne dass der Sattler das Pferd und den Reiter in der Praxis gesehen und beurteilt hat.
Es kann nur jedem Reiter dringend empfohlen werden, sich einen engagierten Sattler zu suchen, der sich wirklich um das langfristige Wohl von Pferd und Reiter kümmert.
Auch wenn das manchmal etwas mehr Geld kostet, so zahlt sich das letztlich immer durch weniger gesundheitliche Schwierigkeiten und Behandlungskosten bei Problemen aus, die ein nicht gut sitzender Sattel verursacht hat.

Allgemein können Stellungsfehler zu Muskelproblemen führen, insbesondere dann, wenn dem Alter entsprechend nicht rechtzeitig eine Korrektur versucht wurde.
Andererseits ist dazu zu sagen, dass im fortgeschrittenen Alter und bei schon länger bestehenden Stellungsfehlern, eine erst spät vorgenommene Korrektur oft auch zu Muskel- und Skelettproblemenen führen, die das Pferd auf Dauer unbrauchbar machen. Es ist also sehr sorgfältig abzuwägen, ob Änderungen zu einem späteren Zeitpunkt vorgenommen werden können oder besser nicht.

Der Autor 2011 – Vizechampion mit »Na Sowas« (5-jährig) in Moritzburg beim Bundesfahrponychampionat.

Lissy Brinkmann, Rheine/Mesum mit »Noble Boy« (5-jährig) in Greven, erste Dressurpferdeprüfung Kl. L. Beide Ponys aus der Zucht des Autors zeigen bei entsprechender schonender Aufzucht und Ausbildung, dass auch in jungen Jahren keine Muskelprobleme auftreten.

Zu berücksichtigen ist ebenfalls die allgemeine Psyche des Pferdes, und natürlich spielt auch die Rasse eine Rolle.

Besonders zur Psyche und der jeweiligen Situation des Pferdes sind einige Anmerkungen erforderlich, da die Psyche nach meiner Meinung viel zu wenig bei muskulären Problemen beachtet wird.
Schon vor einigen Jahren hatte ich beispielsweise in einem großen Pensionsstall ein Reitpferd zu behandeln, das insbesondere an der Longe mal mehr, mal weniger Taktprobleme zeigte, die sich bis zu starker Lahmheit steigern konnten.
Die Stresspunktmassage und eine begleitende Magnetfeldtherapie brachten in kurzer Zeit deutliche Besserung. Doch schon nach etwa drei Wochen wurde ich erneut zu dem Pferd gerufen, da die vorherigen Probleme wieder aufgetauscht waren.
Nach der erneuten Behandlung habe ich das Pferd mit der Besitzerin zufällig zur Box begleitet. Dann geschah Folgendes: Das Pferd in der Box neben dem behandelten Pferd legte die Ohren an, fletschte regelrecht die Zähne, schlug gegen die Boxenwand und zeigte seinem Nachbarn deutlich, dass seine Anwesenheit nicht erwünscht ist. Das behandelte Pferd reagierte ähnlich. Die Besitzerin erklärte mir, dass dies leider fast immer so sei.
Ich habe dann dringend empfohlen, diese beiden Pferde nicht mehr nebeneinander stehen zu lassen. Die Probleme des behandelten Pferdes würden sonst regelmäßig wieder auftreten.
Eine neue Boxenaufteilung hat dann Abhilfe geschaffen.
Dieses Beispiel zeigt deutlich, wie die Umgebung erheblichen Einfluss auf die innere Ruhe, die Ausgeglichenheit und letztlich auf die Gesundheit des Pferdes haben kann.

Bei hoch im Blut stehenden Pferden werden im Allgemeinen eher Verspannungen vorkommen als bei Kaltblutrassen. Mir ist schon klar; dass ich hier eine pauschalierende Aussage getroffen habe. Sie wird sicher nicht auf alle Pferde der jeweiligen Rassen zutreffen.

Für welche Pferde ist die SPM gedacht?

Zu allererst ist diese Behandlungsmethode für die Pferde gedacht, die im Sport und in der Freizeit in Wettbewerben eingesetzt werden. Das Risiko, dabei Verspannungen zu erleiden, ist nachgewiesen dort am größten.
Es wurde bereits 1985 in den USA festgestellt, dass die häufigste Ursache von Lahmheiten Muskelermüdung ist.
Es ist an dieser Stelle noch ein wichtiges Thema im Zusammenhang mit Muskelproblemen anzusprechen, das insbesondere in den letzten Jahren unglaublich zugenommen hat. In fast jedem Reitstall, in dem ich in den letzten Jahren tätig war, wurde eine auffallend große Anzahl von Pferden wie es landläufig lautet **eingerenkt.** Für mich ist es immer wieder ungeheuerlich zu erleben, was den Pferden dabei angetan wird.
Ein Fall aus der jüngsten Vergangenheit belegt diese »Einrenkmethode« eindrucksvoll: An einem Friesen, der seine Reiterin wie es hieß nicht sitzen ließ, wurde in der Zeit von August bis Dezember des betroffenen Jahres tatsächlich sieben Mal an verschiedenen Gelenken manipuliert.
Wem mag diese Behandlung wohl geholfen haben? Dem Pferd ganz sicher nicht.
Damit möchte ich keineswegs die seriös arbeitenden Pferdeosteopathen oder auch Chiropraktiker kritisieren. Sicher ist es manchmal sinnvoll, dislokierte Gelenke wieder in ihre anatomisch korrekte Lage zurückzubringen, dabei ist es aber fachlich unkorrekt, wenn

keine begleitenden Maßnahmen vorgenommen werden.
Wie schon erwähnt, haben an meinen Stresspunkt-Kursen zunehmend Tierärzte teilgenommen. Insbesondere diejenigen, die sich vornehmlich mit Chiropraktik am Pferd beschäftigen, waren sich darin einig, dass diese Therapie ihre sonstige Arbeit sehr wesentlich ergänzt und meist in der chirotherapeutischen Ausbildung fehlte.

Erinnern wir uns also an die Anatomie und die Tatsache, dass **Muskelarbeit immer »Zug«** bedeutet.
Wenn demnach ein Gelenk, das nicht mehr in seine ihm zugedachte Grundposition zurück kann, durch entsprechende Maßnahmen manipuliert wird und die dazugehörigen Muskeln unbehandelt bleiben, ist mit Rückfällen zu rechnen, bzw. es hat der Therapeut meiner Meinung nach keine fachgerechte Arbeit geleistet.
Dies ist logisch und einfach zu erklären: Wurde ein Gelenk in seine Normalposition zurück versetzt und die beteiligte Muskulatur erhält nicht die Möglichkeit, ihre vollständige Dehnfähigkeit wieder zu erlangen, wird durch den immer noch vorhanden Zug auf die Muskulatur bzw. der entsprechenden Sehnen auf das Gelenk, dieses Gelenk immer störanfällig bleiben.
Nun könnte man ja sagen, ich massiere mein Pferd und dadurch sind die genannten Probleme zu beheben oder zumindest zu beherrschen.
Aus der Physiotherapie beim Menschen sind hinreichend Massagetechniken bekannt, die bei vordergründiger Betrachtung ja auf Pferde zu übertragen wären. So einfach ist es meiner Meinung nach jedoch nicht.
Erinnern wir uns an die Grundfunktion der Muskulatur: **Halten**. Dies besagt nichts anderes, als dass wir mit unseren menschlichen Kräften gegen die natürliche Haltefunktion der Pferdemuskulatur arbeiten müssen und nicht nur das, sondern, besonders bei unerfahrenen Pferden, gegen einen sich möglicherweise aufbauenden Widerstand zu arbeiten haben.
Im Gegensatz zur Massage beim Menschen können wir unsere Pferde ja nicht auf eine Massageliege legen und so für eine optimale Entspannung der gesamten Muskeln sorgen oder eventuell auch Anweisungen zu Lageveränderungen geben, die die Effektivität einer Handmassage erhöht.
Es ist also zu bedenken, dass die Ergebnisse der Handmassage bei Pferden nicht mit den Möglichkeiten und Erfahrungen bei Menschen gleich zu setzen sind.
Damit soll nicht gesagt sein, dass Pferdemassage grundsätzlich wirkungslos ist. Wenn man aber die Technik von Jack Meagher kennt und merkt, dass es gelingt, Zonen oder kleine Areale zu finden, die durch geeignete Technik auch mit menschlicher Kraft, ja sogar nur durch Einsatz von drei Fingern oder dem Daumen, also punktuell, eine effektive Muskelentspannung zu erreichen, dann wird der Erfolg unserer Tätigkeit gravierend verbessert.
Genau dies hat Jack Meagher eindrucksvoll beschrieben und mit großen Erfolgen bewiesen. Er hat uns 25 Punkte oder besser Areale aufgezeigt, die bei allen Pferden annähernd gleich sind.
Vor einigen Jahren hatte ich mit Jack Meagher, der im Jahr 2005 leider verstorben ist, schriftlich Kontakt, weil ich angenommen hatte, dass es noch weitere Punkte geben müsste, die einen gleichen Erfolg möglich machen wie die beschriebenen 25.
Ich hatte Recht. Wie aber in seinem Antwortschreiben zu erkennen ist, sind diese Punk-

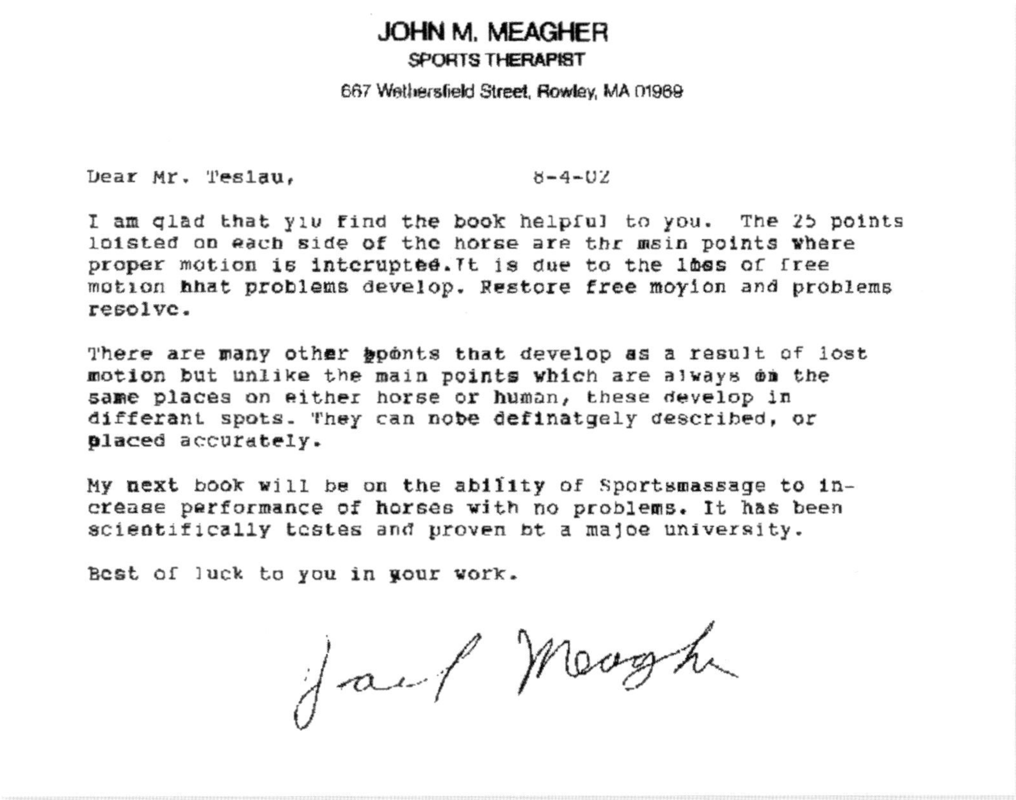

JOHN M. MEAGHER
SPORTS THERAPIST
667 Wethersfield Street, Rowley, MA 01969

Dear Mr. Teslau, 8-4-02

I am qlad that yiu find the book helpful to you. The 25 points loisted on each side of the horse are thr msin points where proper motion is intercupted.It is due to the lbss of free motion hhat problems develop. Restore free moyion and problems resolve.

There are many other ppònts that develop as a result of lost motion but unlike the main points which are always on the same places on either horse or human, these develop in differant spots. They can nobe definatgely described, or placed accurately.

My next book will be on the abilty of Sportsmassage to increase performance of horses with no problems. It has been scientifically testes and proven bt a majoe university.

Best of luck to you in your work.

Jack Meagher

te nicht bei allen Pferden identisch. Deshalb werden in diesem Buch zunächst nur die mit Sicherheit bekannten und bei allen Pferden fast an gleicher Stelle zu findenden Punkte vorgestellt und beschrieben.
Im Anhang an die 25 genau bekannten Punkte wird es Hinweise auf weitere Punkte geben, die sich in meiner täglichen Arbeit als wirkungsvoll erwiesen haben, aber eben nicht so präzise zu finden sind, da sie sich nicht bei allen Pferden an den gleichen Stellen befinden. Bekannt sind bis jetzt etwa 40 Punkte.
Da die Themen Stresspunkte und Triggerpunkte (TP) sehr eng verwandt sind, habe ich der Neuauflage dieses Buches an anderer Stelle ein weiteres Kapitel gewidmet.
Ein wesentlicher Aspekt der SPM nach Jack Meagher ist die Tatsache, dass damit zum Einen eine **Diagnose** möglich ist und sich zum Anderen eine wirkungsvolle **Therapie** ergibt.

Wie schon oben angedeutet, benötige ich für eine wirkungsvolle Stresspunktmassage nur meine Finger. Dazu gehören solide Kenntnisse im Fach Anatomie. Dies gilt besonders für den beruflich tätigen Therapeuten.
Aber auch der einzelne Pferdebesitzer sollte sich von erfahrenen Anwendern oder Therapeuten die Punkte, die Anwendungstechnik und auch die adäquaten Dehnübungen zeigen lassen. Lesen allein reicht nicht aus.
Bevor ich nun Hinweise gebe zu Massagetechnik, Druckstärke etc., gilt es noch einige Betrachtungen über ergänzende und sinnvolle oder auch weniger Erfolg versprechende Behandlungsformen zu beschreiben.

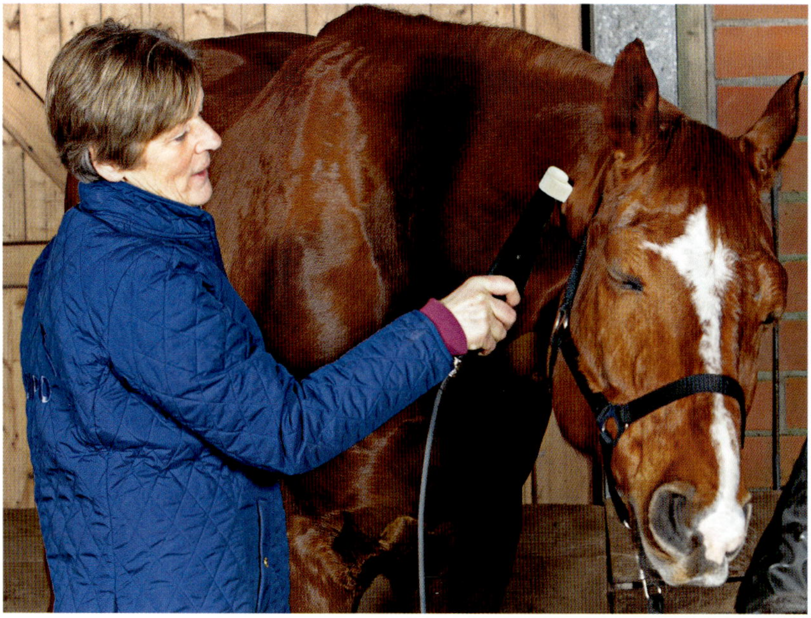

Beatrix Schulte Wien – Inhaberin des DIPO bei der Behandlung eines Pferdes. Das Gesicht zeigt deutliches Wohlbefinden.

Boxenruhe als Behandlungsform ist sicher bei entsprechenden Verletzungen unabdingbar. Bei Muskelproblemen, wie sie bisher beschrieben wurden, wird aber keine Besserung zu erwarten sein. Der Zustand kann sich eher verschlechtern.

Als J. M. mit seiner SPM begann, war die Entwicklung der Medizintechnik nicht auf dem heutigen Stand.

In seinen Ausführungen werden z.B. Reizstrombehandlungen in vielen Fällen abgelehnt. Dies gilt teilweise auch heute noch. Reizströme werden tiefliegende und oft auch mit Verklebungen von Muskelfasern einhergehende Krampfzustände kaum beheben können.

Ebenso ist die Verwendung krampflösender Medikamente sicher nicht unsere Wahl. In Zeiten der Doping-Problematik versteht es sich von selbst, den Pferden bei sportlichen Einsätzen keine Medikamente zu verabreichen.

Andererseits bestehen heute verschiedene Möglichkeiten, aktive Stresspunkte wirkungsvoll und ergänzend zum Gebrauch der Hände zu nutzen.

In meiner Praxis hat sich der Einsatz eines Laser-Systems besonders bewährt. Die Vorteile sind eindeutig. Der verwendete Laser erzeugt beim Einsatz am Pferd keinerlei Schmerzen. Deshalb wird er besonders bei schwierigen und stark verspannten Pferden manchmal von mir vor der eigentlichen Massage benutzt. Weiterhin ist der Gebrauch von Amplitudenmoduliertem Strom bei Pferden ebenfalls sehr wirkungsvoll. Interessant ist, dass diese Stromform von den meisten Pferden problemlos toleriert wird.

Nicht zuletzt stellen die Systeme der neuromuskulären Stimulation wie THERZ-matrix eine Alternative dar. Die Verwendung pulsierender Magnetfeldsysteme sollte man immer in Betracht ziehen. Dazu verwende ich seit Jahren erfolgreich das System EQUIMAG.

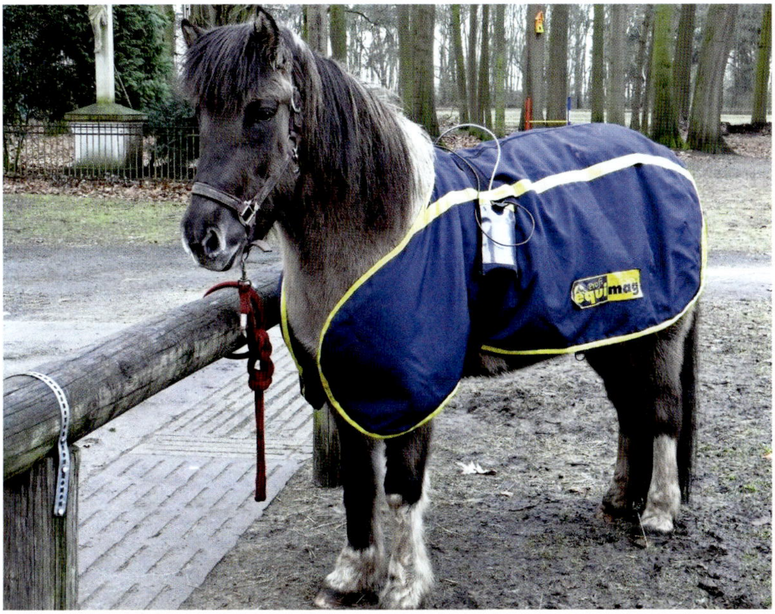

Auch bei den ganz Kleinen helfen Stresspunktmassage und Magnetfeldtherapie.

Zu den Möglichkeiten der Gerätetherapie wird an anderer Stelle dieses Buches zu lesen sein.
Ebenso werde ich über die Verwendung von geeigneten Massagegeräten und Massagesystemen berichten, die sich in meiner Praxis bewährt haben und die die SPM sinnvoll ergänzen können.

Für unsere Arbeit am Pferd und dem gewünschten Effekt der Verbesserung der Beweglichkeit sowie Verminderung von Schmerzen sind mehrere Aktionen notwendig.

1. Die betroffenen Zonen erkennen.

2. Durch gezielte Druckmassage und Reiben quer zur Faser wird eine verbesserte Durchblutung erreicht, die verkrampften oder verklebten Muskelfasern lösen sich und können somit wieder ihre Funktion erfüllen.

3. Massage des gesamten Muskels oder der betroffenen Muskelpartie, um die normale Beweglichkeit des Pferdes wieder herzustellen.

4. Entsprechend der bis dahin erreichten Verbesserung, werden angemessene Dehnübungen nach Beschreibung durchgeführt.

5. Bewegung des Pferdes in der jeweils beschriebenen Weise. Letzteres gilt besonders in den Fällen, in denen das Schmerzgedächtnis des Pferdes noch nicht realisiert hat, dass wieder schmerzfreie Bewegung möglich ist.

Schon jetzt ist folgender Hinweis unbedingt zu beachten: Mit den nachstehend beschriebenen Behandlungs- bzw. Massagevorschlägen ist in keinem Fall eine eventuell notwendige tiermedizinische Diagnose und Therapie zu ersetzen. Sie gehört in die Hände erfahrener Fachleute. Sofern Sie an Ihrem Pferd selbst mit der SPM tätig werden möchten und sich nicht ganz sicher sind, fragen Sie vorher einen Fachmann. Der sollte sich allerdings mit der Thematik der SPM auskennen.

Es gilt aber auch noch eine weitere Tatsache zu beachten: Die Muskulatur hat die Eigenschaft, ein verletztes Gelenk durch Anspannung der umgebenden Muskeln zu schützen. Löse ich nun durch SPM diese Anspannung, kann es vorkommen, dass die alte, nicht ausgeheilte Verletzung wieder zu Tage tritt. In einem konkreten Fall ist dies sehr deutlich geworden.

Eine von mir behandelte Stute zeigte besonders an der Longe, also auf gebogener Linie leichte Taktunreinheiten. Dies war aber nicht ständig der Fall. Die Besitzerin erklärte, dass ihr Pferd zur Bedeckung bei einem Hengst gewesen sei. Ob dort ein Unfall geschehen war oder sich die Stute festgelegen hatte, konnte nicht zweifelsfrei nachvollzogen werden. Das Pferd war tierärztlich behandelt worden und wurde ohne weiteren Befund der Besitzerin zurückgegeben.

Nachdem ich dieses Pferd dann mit der SPM behandelt hatte, lahmte es einen Tag später erheblich.

Erst als dann eine ordnungsgemäße Untersuchung und Therapie durch die Tierärztin vor Ort erfolgte, behandelte ich das Pferd erneut mit der SPM.

In der dann laufenden Turniersaison hatte Daylight Erfolge bis zu Platzierungen in Springpferdeprüfungen der Klasse M erreicht.

Daylight.

DIE VORGEHENSWEISE BEI DER SPM

Der Behandlungsort

Ich lehne es aus Sicherheitsgründen grundsätzlich ab, Pferde in der Box zu behandeln. Oft ist der Untergrund in der Box durch die Einstreu rutschig. Die Pferde zeigen an aktiven Stresspunkten häufig sehr starke Abwehrreaktionen. So schnell kann man manchmal gar nicht ausweichen, um nicht vom Kopf des Pferdes oder gar durch Huftritte verletzt zu werden.

Besonders bei den ersten Behandlungsversuchen muss man sich ausreichend Zeit nehmen. Sofern das Pferd in einem Reitstall steht, in dem reger Betrieb herrscht, sollte eine Zeit ausgewählt werden, in der es ruhig ist. So wird der Patient nicht abgelenkt und kann sich entspannen.

Enorm störend können freilaufende Hunde, Katzen oder auch andere Tiere sein. Auch wenn das Pferd möglicherweise Hunde und andere tierische Stallbesucher gut kennt. Am Behandlungstag sollten sie nicht dabei sein.

Ich empfehle, vom Boden aus zu arbeiten. Sollten Sie bei der Behandlung Ihres Pferdes aber etwas höher stehen wollen, stellen Sie sich auf eine stabile Kiste, ohne Rollen oder mit feststellbaren Rollen. Ein Strohballen ist nicht geeignet. Tragen Sie festes Schuhwerk, evtl. sogar Schuhe mit Sicherheitskappen.

Die eigene Sicherheit muss immer im Vordergrund stehen. Dies gilt es besonders zu beachten, wenn am Rücken oder der Hinterhand des Pferdes gearbeitet wird.
Rechnen Sie immer mit heftiger Abwehr, wenn ein aktiver Stresspunkt, auch nur zur Diagnose, angetroffen wird.

Bei meiner Arbeit werden die Pferde nicht angebunden. Die meisten Pferde lassen sich viel leichter untersuchen und behandeln, wenn die Möglichkeit besteht, einige Schritte auszuweichen.
Um so arbeiten zu können, ist ein Helfer nötig, der das Pferd entsprechend festhält. Wenn irgend möglich, stellen Sie das Pferd längsseits an eine Wand.
Selbstverständlich wird das Pferd nicht gerade während der Fütterungszeit untersucht oder behandelt. Eine ungestörte und in Ruhe durchgeführte Untersuchung/Behandlung ist dann garantiert unmöglich.

Legen Sie allen Schmuck, Ringe oder auch Uhren ab. Lange Fingernägel sind bei der SPM völlig ungeeignet.

Weitere Vorbereitungen

Zunächst sollten Sie Ihr Pferd einmal gründlich von allen Seiten aufmerksam betrachten. Versuchen Sie sich einmal hinter dem Pferd in eine erhöhte Position zu bringen, die einen Blick auf seinen gesamten Rücken zulässt.

Prüfen Sie, ob die Muskulatur auf beiden Seiten gleichmäßig ausgebildet ist. Wenn hier deutliche Unterschiede im Seitenvergleich zu sehen sind, sollte unbedingt vorher ein Fachmann gefragt werden. Dies gilt auch, wenn z.B. im Stand und auch in der Bewegung eine Kruppenseite höher als die andere erscheint.

Bevor mit der eigentlichen SPM begonnen wird ist es erforderlich, das Pferd gründlich mit den Händen zu untersuchen. Dabei wird man vielleicht unterschiedliche Wärmezonen finden. Sollten Sie dies feststellen, ist eine SPM nicht sinnvoll. Es liegt eventuell eine Entzündung vor, die eine fachliche Behandlung erforderlich macht.

Zur weiteren Abklärung der momentanen Pferdegesundheit muss zunächst ein Tierarzt oder Tierheilpraktiker zu Rate gezogen werden. Es ist auch möglich, Schwellungen oder Dellen in der Muskulatur zu ertasten, die uns Hinweise auf notwendige Behandlungen geben. Ebenso empfiehlt es sich, beide Seiten des Pferdes vergleichend abzutasten. Auch dabei wird man oft erstaunliche Unterschiede feststellen.

Lernen Sie mit den Händen zu sehen
Damit ist nicht irgendeine dubiose Technik des Handauflegens gemeint, sondern je öfter man sich so mit dem Pferd beschäftigt, umso leichter werden Veränderungen erkannt. Dies gibt uns dann die Möglichkeit, rechtzeitig etwas zu unternehmen, bevor Schäden wie vorher beschrieben, entstehen.

Die Behandlungstechnik

Schauen Sie sich die Fotos auf Seite 37 genau an.
Sie behandeln erfolgreich, wenn Sie Ihre Finger und Daumen so einsetzen wie beschrieben. Bei präziser Vorgehensweise nach J. Meagher bedeutet das: in allen Fällen immer mit **direktem Druck** auf den gefundenen, aktiven Stresspunkt wirken und **quer zur Faser** reiben und, ebenso **wichtig, rhythmisches Drücken über den gesamten Muskel.**

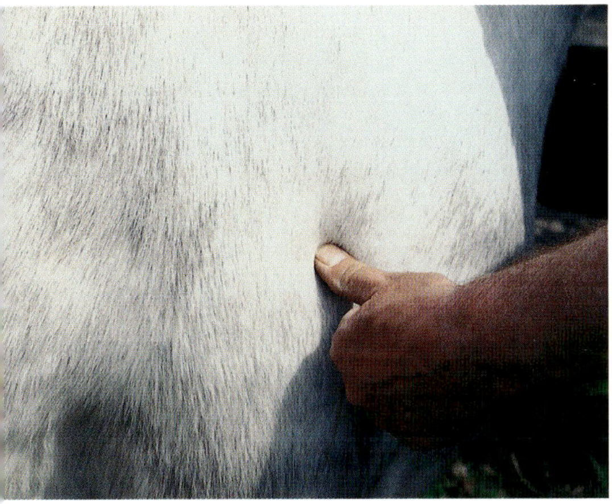

Daumentechnik, direkter Druck.

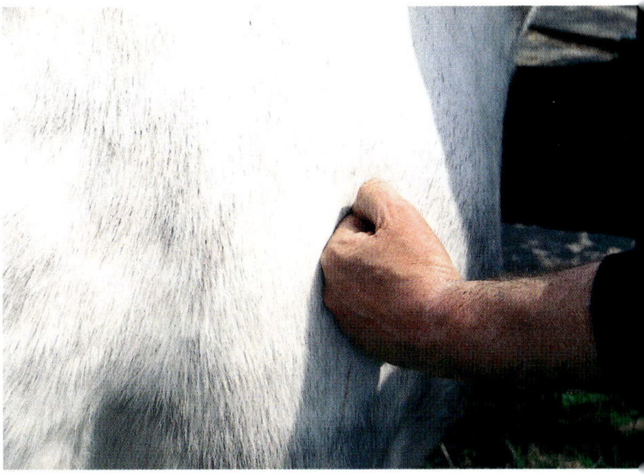

Faust.

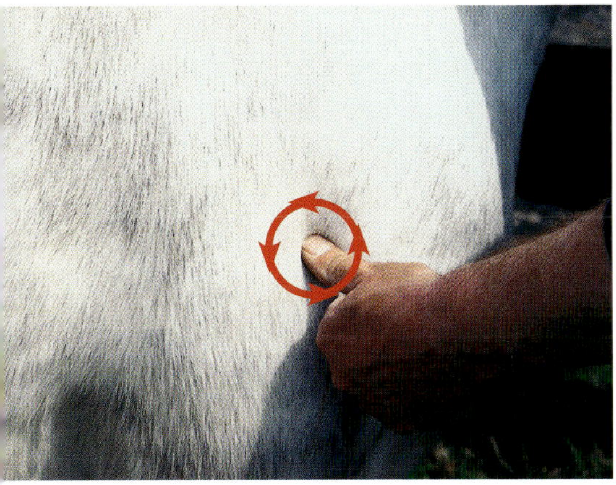

Daumentechnik, kleine Zirkelungen.

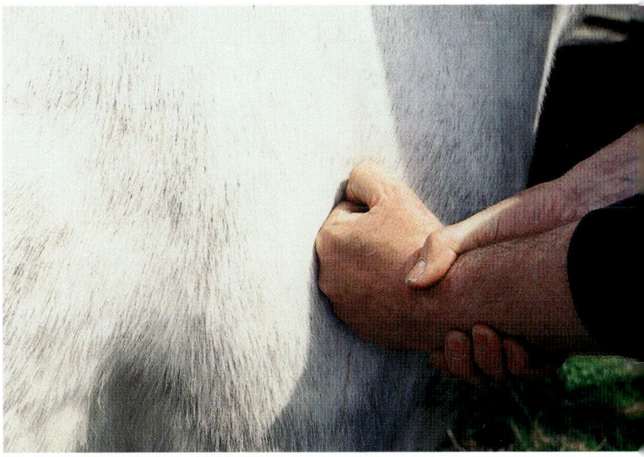

Faust unterstützt.

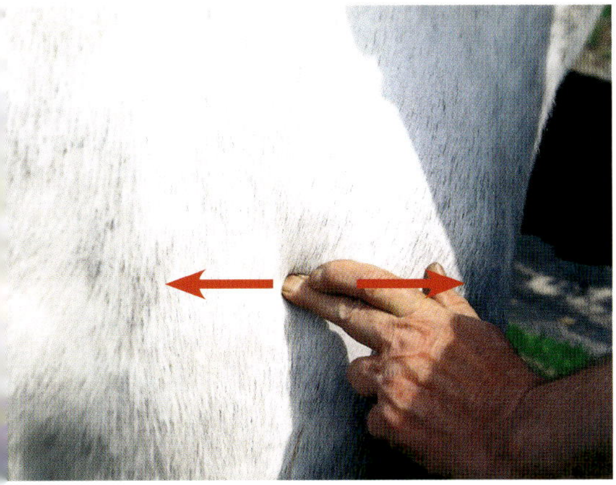

Fingertechnik, direkter Druck (wie Abb. Daumentechnik) oder Reibungen quer zur Faser. Es darf keineswegs nur die Haut verschoben werden.

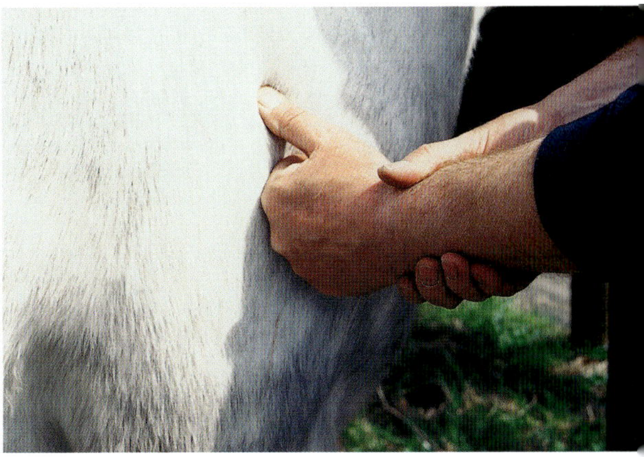

Faust mit Daumen zum punktuellen Einsatz, nach flächiger Vorbereitung.

Wie das gemacht wird und an welchen Punkten welche dieser Maßnahmen machbar und möglich sind, ist bei den einzelnen Stresspunkten genau beschrieben und, soweit möglich, auf Fotos dargestellt. Jetzt habe ich einige Ergänzungen vorgenommen, die die optimale Körper-Position des Behandlers darstellen. Wenn Sie so arbeiten, schonen Sie ihre eigenen Muskeln und Gelenke und arbeiten trotzdem effektiv.
In der Muskeltabelle finden Sie die jeweilige Muskellage dargestellt. Dem folgend ist neben direktem Druck und dem Reiben quer zur Muskelfaser meistens ein rhythmisches Drücken des gesamten Muskels erforderlich. Dies gilt grundsätzlich für alle Stresspunkte.
Reiben quer zur Faser bedeutet, unter Beibehaltung der jeweiligen Druckstärke den Daumen oder die Finger hin und her oder in kleinen Zirkeln zu bewegen.

Direkter Druck auf die Stresspunkte als so genannte Tiefenmassage, erzeugt eine deutliche und lang andauernde Steigerung der Durchblutung. Außerdem wird Histamin und Acetylcholin freigesetzt. Dies trägt dazu bei, dass die verbesserte Durchblutung lange anhält.
Da Sie bei fast allen Stresspunkten gegen Knochen arbeiten, die dann wie ein Widerlager funktionieren, werden Sie besonders beim Reiben quer zur Faser verklebte Fasern lösen.

Achtung
Reiben quer zur Faser ist zwar wirkungsvoll, kann aber für das Pferd sehr schmerzhaft sein, besonders wenn Verklebungen der Muskelfasern vorliegen. Daher empfehle ich hierbei ein besonders vorsichtiges Vorgehen. Wer jemals bei seinem Humanphysiotherapeuten eine Querfriktion bekommen hat, kann das gut beurteilen.

Die meisten nachstehend beschriebenen Stresspunkte liegen im Übergang **Muskel zur Ansatz-** beziehungsweise **Ursprungssehne**, aber nicht da, wo motorische Nerven ansetzen. Dies bedeutet, dass bei richtigem Einsatz der Massagetechnik keine Schäden entstehen können.
Über die notwendige Druckstärke wird immer wieder von Kilo, Pfund oder dergleichen gesprochen. Dies ist in der praktischen Arbeit schwierig umsetzbar.
Außerdem wird fast immer zu Beginn dieser Behandlung der Anfänger zu wenig Druck ausüben. Es empfiehlt sich also, sich an die nötige Intensität »heranzutasten«.
Meine Erfahrung sagt mir, dass mir zunächst das Pferd und seine Reaktionen Auskunft über den jeweils anzuwenden Druck gibt.
Interessant ist, dass Pferde, die häufig mit er SPM behandelt werden, von sich aus den Druck auf die Hand des Therapeuten steigern. Sie zeigen sehr deutlich, wo mehr Intensität erforderlich ist. In den letzten Jahren wurde immer wieder negativ kritisiert, dass ich nichts über die Dauer, die Druckstärke und die Häufigkeit der Behandlung der einzelnen Punkte gesagt habe. Dies ist auch nicht pauschal möglich. Es gibt Pferde, die auf eine Behandlung mit geringem Druck derart gut ansprechen, dass man mit nur ganz wenig Zeit auskommt. Andere wiederum brauchen mehrere Behandlungen und/oder intensiven Druck, um zum Erfolg zu kommen.

Wie schon gesagt: Aktive Stresspunkte sind Areale, die bei entsprechendem Druck Schmerzreaktionen auslösen. Die Pferde zeigen ihr Unbehagen durch einfaches Ausweichen, groß- oder kleinflächiges Hautzittern bis zu heftigsten Abwehrreaktionen.
Sollten Sie derart heftige Reaktionen erfahren, gibt es verschiedene Möglichkeiten, die

Behandlung doch erfolgreich durchzuführen. In meiner täglichen Arbeit kommt es immer wieder vor, dass Pferde sich so gut wie nicht behandeln lassen. Ich setze dann verschiedene Entspannungstechniken ein.

Beispiele

Als Erstes gibt es einen Punkt hinter den Pferdeohren, etwas seitlich neben dem Mähnenkamm, der bei entsprechendem Druck das Pferd veranlasst, den Kopf zu senken. Es beginnt sich zu entspannen. Dies funktioniert bei allen Pferden. Allerdings meistens nicht auf Anhieb. Es ist oft mehrfache Wiederholung nötig.

Vergessen Sie auch hier nicht aufzupassen. Wenn sich das Pferd, wie auf dem Foto zu sehen, »fallen lässt« und ein Ereignis es veranlasst, den Kopf plötzlich wieder anzuheben, kann Ihr Kinn oder Ihr Kopf Schaden erleiden. Also: nicht sich selbst über den Pferdekopf oder den Pferdehals beugen. Nach ein oder

Deutlich ist der entspannte Gesichtsausdruck des Pferdes zu erkennen.

zwei Vorgängen relaxen die meisten Pferde und lassen eine gezielte SPM eher zu.

Manchmal helfen auch ein oder zwei Wärmekissen; hier hat sich das auf dem Foto gezeigte selbstaufwärmende Kissen sehr gut bewährt, weil man damit unabhängig vom Stromnetz ist und diese Kissen immer wieder verwendet werden können.

Bei den Stresspunkten selbst werden Sie einige finden, deren Behandlung viele Pferde sichtbar genießen. Andere wiederum sind mit heftiger Abwehr verbunden. Die letzteren sind meistens mehrfach behandlungsbedürftig.
Wenn Sie eine solche Situation vorfinden, kann man immer wieder auf die Punkte zurückgehen, bei denen uns das Pferd Wohlbehagen signalisiert.

Warm-up in der Anwendung

Diese Kissen auf die Kruppen- und Rückenmuskulatur legen und mit einer Wolldecke abdecken. Zur Intensivierung der Wärme kann zwischen Wolldecke und Wärmekissen noch eine Folie aufgelegt werden.
Nach etwa 15–20 Minuten nehmen Sie die Wärmekissen weg, lassen aber den nicht zu behandelnden Teil der Rücken- oder Kruppenpartie weiter abgedeckt. Dies gilt ganz besonders in der kalten Jahreszeit. Wenn das Pferd mit dieser Methode deutlich erwärmt wurde und die entsprechenden Partien dann mit der kalten Luft in Kontakt kommen, kann sich die Situation manchmal eher noch verschlechtern. Nach der Wärmebehandlung also eine Decke über den behandelten Teil legen und gegebenenfalls unter der Decke massieren. Das hört sich schwierig an, ist aber bei etwas Übung problemlos zu machen.

Es ist überhaupt enorm wichtig, das Pferd ständig zu beobachten. Es zeigt uns mehr als deutlich, wenn eine Behandlung ein Problem gelöst hat oder sich sein Zustand zumindest gebessert hat.

Pferde drücken Wohlbefinden durch Gähnen, Kauen oder auch tiefes Ein- und Ausatmen aus. Andere Pferde nehmen eine Ruhestellung ein und knicken ein Hinterbein dabei ein. Hengste oder Wallache schachten während der SPM-Behandlung gerne aus. Diese Signale dürfen nicht übersehen werden. Sie dienen als erste Erfolgskontrolle über die von uns geleistete Arbeit.
Sofern es mir gelingt, bei schweren Muskelproblemen derartige Reaktionen zu erzeugen, bin ich mir fast immer sicher, dass sich das vom Reiter/Fahrer geschilderte Problem erheblich gebessert hat.

Dehnübungen und der damit verbundene Nutzen

Wie bereits erwähnt, ist es meiner Auffassung nach für eine erfolgreiche Stresspunkttherapie unerlässlich, die zu den einzelnen Punkten empfohlenen **Dehnübungen** durchzuführen.

Es gibt in der Humanphysiotherapie mittlerweile Fachleute, die sich gegen Dehnungen (Stretching) aussprechen. Dies wird damit begründet, dass bei Menschen Schäden an Sehnen und Bändern sowie an Gelenkkapseln mit Beginn der Fitnesswelle und dem damit geforderten Stretching außergewöhnlich zugenommen hätten. Bei Pferden ist Derartiges bisher nicht bekannt. Es ist wie beim Menschen auch beim Pferd darauf zu achten, dass Dehnungen möglichst mit aufgewärmten Muskeln vorzunehmen sind.
Wenn also Dehnungen nach einer Stresspunktmassage und den damit verbundenen weiteren Behandlungen erfolgt, ist zumindest von einer partiell vorgewärmten Muskulatur auszugehen.
Andererseits beobachtet man immer wieder Pferde, die sich beispielsweise selbst dehnen. Dies geht in einzelnen Fällen soweit, dass sie mit dem Brustbein fast den Boden berühren. Anscheinend ist es diesen Pferden völlig egal, ob die Muskeln vorgewärmt sind oder nicht. Mit der Dehnung verschaffen sie sich erkennbares Wohlbehagen.

Warum wird gedehnt?

Damit sich ein Effekt einstellt, muss die zu dehnende Partie unter Spannung gesetzt und die Dehnung wiederholt werden.
Das Pferd wird bei seiner normalen täglichen Arbeit nicht alle anatomischen Strukturen unter Spannung setzen. Um diesen Nachteil zu verbessern, sollten also Übungen erfolgen, die der jeweiligen Bewegung erlauben, ihre natürlichen Grenzen zu erreichen und soweit möglich, sogar zu erweitern.
Dies bedeutet im Einzelnen, dass eine Verbesserung der Bewegungsamplitude (Bewegungsausschlag eines Gelenkes) erreicht werden soll. Damit können die Effizienz des Vorwärtsschubes sowie die Schrittlänge optimiert werden.

Die bei der aktiven und passiven Mobilisierung langsamen, extremen und länger andauernden Bewegungen unterscheiden sich wesentlich von den im Sport vorkommenden, meist schnellen und in der Amplitude begrenzten Bewegungen.

Sportlicher Einsatz belastet die Muskeln. SPM macht bei allen pferdesportlichen Disziplinen Sinn, wie beispielsweise: Springen, …

… Dressur, …

Durch die vorstehend beschriebenen langsamen und bis zur Toleranzgrenze des Pferdes geforderten Dehnungen wird sich die Elastizität der Gewebe verbessern.
Es findet eine Verlängerung sowie eine Verschiebung von Fasern, Faserbündeln und der Faserschichten statt. Der venöse Abfluss wird besser.
Dem Pferd wird auf Dauer bewusst, dass sich seine Bewegungen seinen natürlichen Anlagen entsprechend verändern, ohne Schmerzen zu erleiden.
In der Kombination von geeigneten Dehnungen und richtiger Anwendung der SPM wird sich die erste Stufe der Skala der Ausbildung – **der Takt** – erkennbar verbessern lassen.

Nun sind Dehnungen beim Pferd für den Menschen mit deutlichem Zeit- und Kraftaufwand verbunden. Dehnungen sollen bis 30 Sekunden gehalten werden. Es sind auf keinen Fall federnde Bewegungen gewünscht. Vielmehr ist die zu dehnende Region langsam unter Spannung zu setzen. Versuchen Sie nicht, gegen den Widerstand des Pferdes zu arbeiten, es wird Ihnen nicht gelingen.

Wenn Sie z.B. ein Bein aufnehmen möchten, dann beginnen Sie langsam. Kommt Gegenwehr, verhalten Sie etwas in der momentanen Position. Lässt der Widerstand nach, kann die Dehnung verstärkt werden.
Ganz besonders wichtig ist es, dass Sie sich selbst im Rücken gerade halten. Sie müssen bei Dehnungen an den Pferdebeinen unbedingt die Körperachsen und Ebenen beachten.
Sinnvoll wäre es, derartige Übungen zweimal täglich zu machen. Aber wer kann das schon? Deshalb habe ich Dehnungen als wesentlichen

... Freizeitreiten ...

... und Westernreiten.

Bestandteil der SPM lediglich bei aktiven Stresspunkten empfohlen und beschrieben. Es ist selbstverständlich, dass neben den Muskeln, die bei den SPM beschriebenen Dehnungen auch andere nicht so sehr betroffene Muskeln mit gedehnt werden. Umso mehr machen Dehnungen also Sinn.

Wer sich mit SPM und den dazugehörigen Dehnübungen beschäftigt und sie aktiv betreibt, wird über die damit verbundenen Möglichkeiten der Bewegungsverbesserung seines Pferdes sicher erstaunt sein. Dies gilt ganz besonders, wenn man wie auf den Fotos auf den Seiten 42 und 43 zu sehen, mit seinem Pferd in den verschiedenen Disziplinen Sport betreibt.

Bei den nachfolgend beschriebenen Stresspunkten werden Sie feststellen, dass auffallend oft bei Gespannpferden Probleme auftreten. Deshalb ist mir die Meinung anerkannter Fachleute zur SPM besonders wichtig. Hier Klaus D. Gaertner, Uelzen-Hansen, Lüneburger Heide. Er betreibt einen FN anerkannten Fahr- und Reitausbildungsbetrieb und ist selbst bis zur Klasse S zweispännig erfolgreich (Landesmeister Hannover-Bremen 2005).

Klaus Gaertner zur SPM

Claus Teslau hat bei uns seine FN-Trainer-Ausbildung gemacht. Dabei haben wir auch seine Methode, Pferde mit Stresspunkttherapie zu behandeln, kennengelernt. Wir freuen uns jetzt besonders, wenn Claus zu Vorträgen oder Fortbildungen bei uns oder in der Nähe ist. Unsere Turnierpferde profitieren immer sehr von seiner Behandlung. Sie zeigen sich wesentlich entspannter und sind leistungsfähiger.

DIE 30 STRESSPUNKT-AREALE

Wenn die vorbereitenden Maßnahmen eine Stresspunktmassage zulassen, wenden wir uns nun den einzelnen Punkten zu.
Zu den jeweiligen Lagebezeichnungen und Aufgaben der betroffenen Muskeln habe ich die notwendigen Dehnübungen aufgeführt und die Punkte insofern bewertet, als dass bei Pferden der unterschiedlichen Nutzung eine Anhäufung von aktiven Stresspunkten zu finden sind.

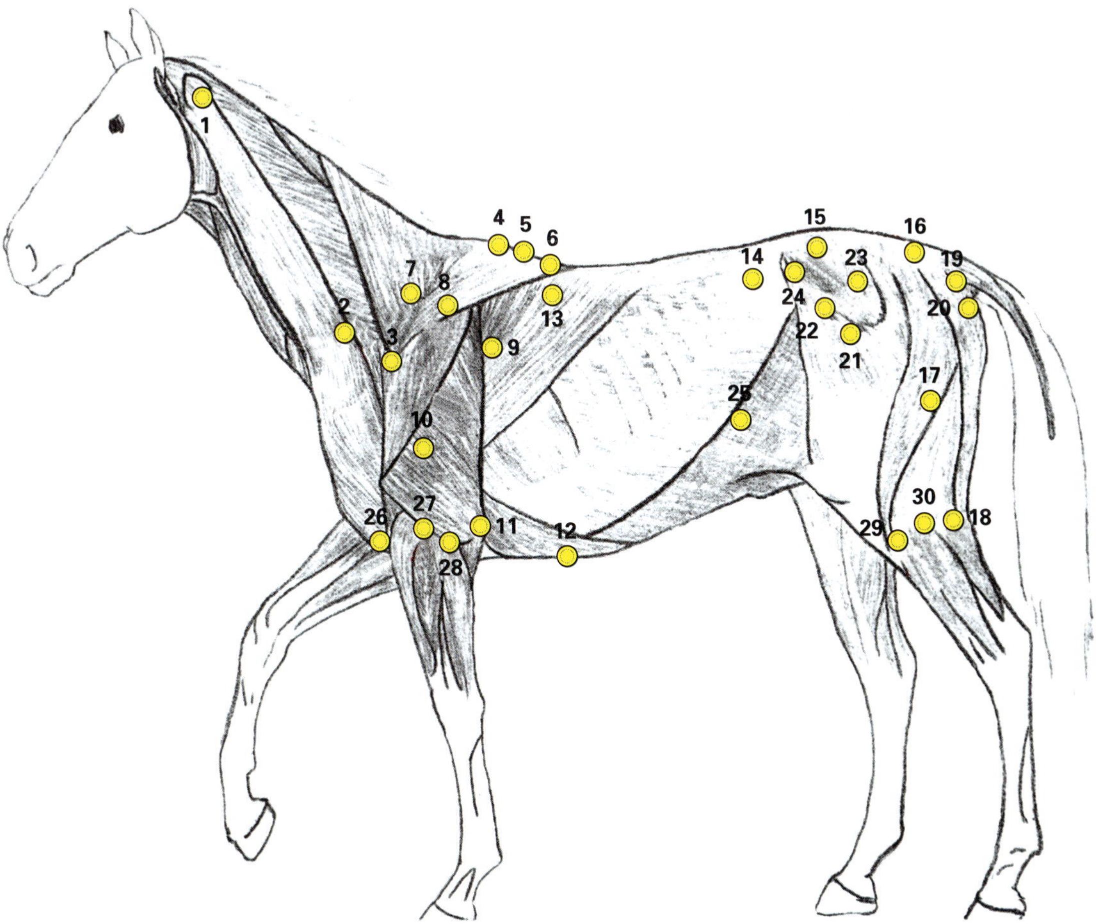

Muskelsituation und Übersicht aller Stresspunkte.

SP 1 M. rectus capitis lateralis

Aufgabe

Dieser Muskel ist für das Heben und Drehen des Kopfes zuständig.

Hat ein Pferd an diesem Muskel Probleme, wird es bei Druck auf den Punkt 1 mittels Daumen oder Mittelfinger den Kopf abwenden. Meist ist der Muskel bis in Höhe der Ohren druckempfindlich. Der gesamte Muskelverlauf fühlt sich gelegentlich wie eine harte Linie an.

Das Pferd zeigt in Ruhestellung Streckbewegungen von Kopf und Hals nach vorne.

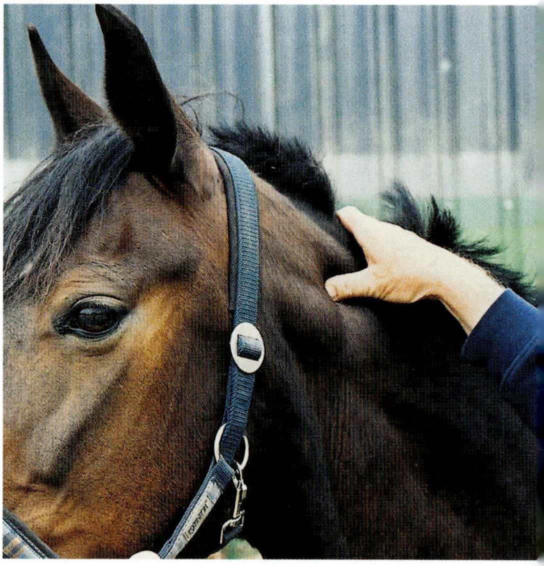

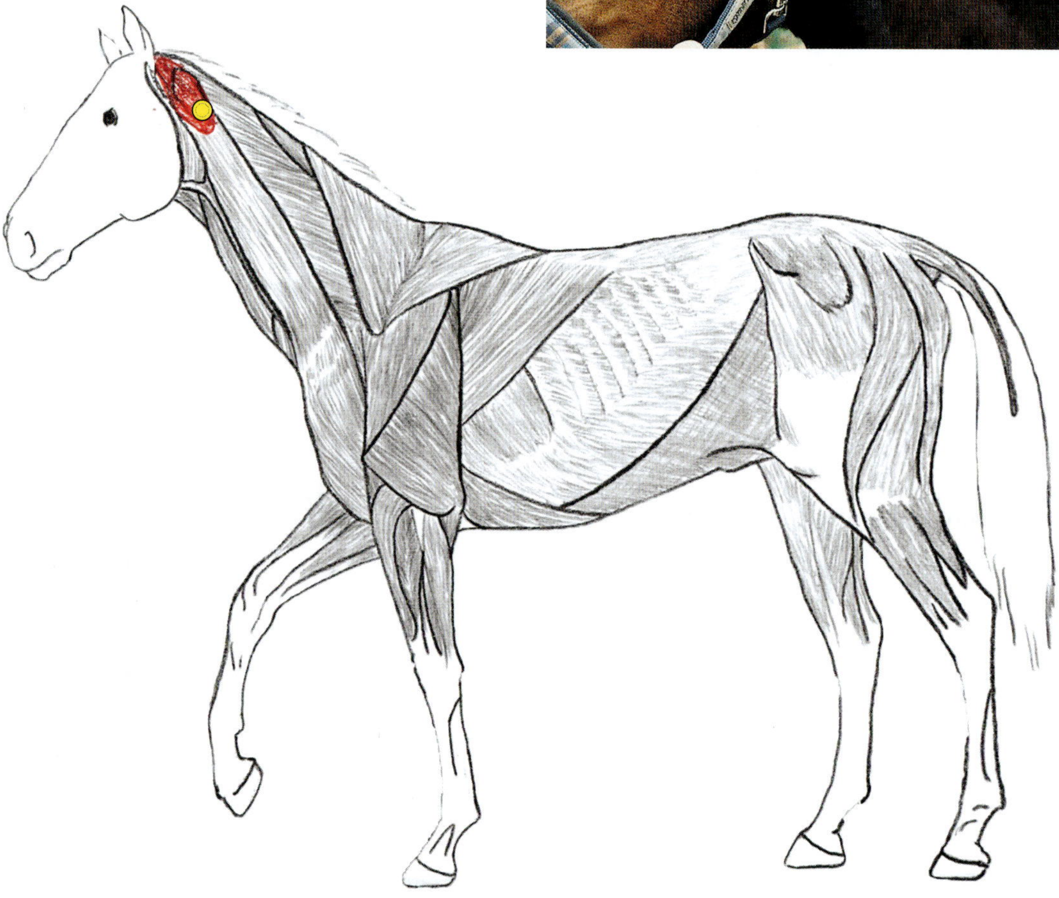

SP 1 M. rectus capitis lateralis

Probleme

Pferde, die dem Reiter oft die Zügel aus der Hand reißen, leiden dort häufig unter Verspannungen. Bei Schwierigkeiten, Stellung zu erreichen oder zu halten, ist dieser Muskel meist ebenfalls betroffen.

Wenn berichtet wird, das Pferd verwirft sich im Genick, ist neben anderen Möglichkeiten auch hier eine mögliche Ursache zu finden.

Das Pferd zeigt in Ruhe Streckbewegungen und hat in der Bewegung Halsschwierigkeiten, die bis zum Ausweichen in die gegensätzliche Richtung gehen.

Lokalisierung und Therapie

Dieser Stresspunkt ist eine kleine Vertiefung. Man findet ihn, wenn man mit der Hand von oben kommt, an der mit dem Daumen gezeigten Stelle. Druck an dieser Stelle wird bei aktivem **SP1** die stärkste Abwehr hervorrufen. Genau dort wird mit Daumen oder Mittelfinger langsam Druck aufgebaut.

Zunächst diesen Druck bis zur vom Pferd tolerierten Maximalstärke halten. In leicht kreisenden, aber fast punktuellen Bewegungen die dortigen Fasern voneinander trennen.

Die Dauer der Druckbehandlung beträgt hier einige Minuten. Danach den Muskelverlauf von **SP 1** bis zum Kopf massieren. Benutzen Sie dazu den Handballen, um eine vollständige Detonisierung (Entspannung) zu erreichen.

Zusammenfassung

Dieser Punkt ist sowohl für den direkten Druck geeignet, dem Reiben quer zur Faser, wie dargestellt, und besonders für großflächiges, rhythmisches Drücken. Legen Sie dafür den Handballen auf die zu behandelnde Fläche. Dann legen Sie alle Finger auf die gegenüberliegende Seite der Mähne als Widerlager und üben schließlich mit deutlicher Kraftaufwendung pumpenden Druck auf den Muskel aus.

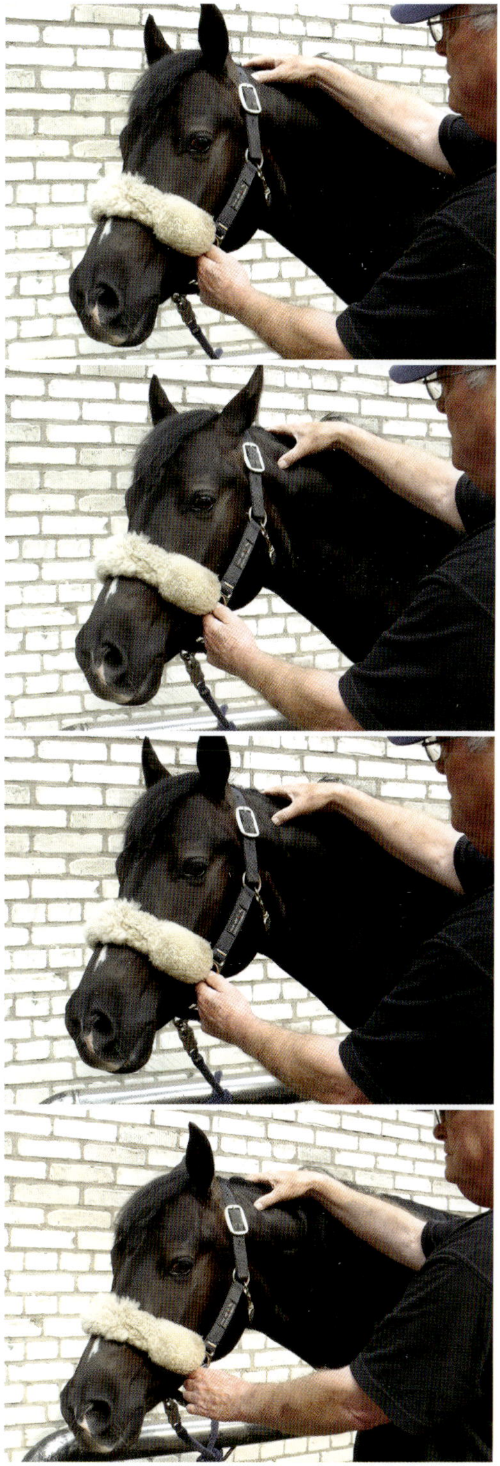

Bei diesem Pferd ist die Querfriktion über dem Muskel deutlich zu erkennen.

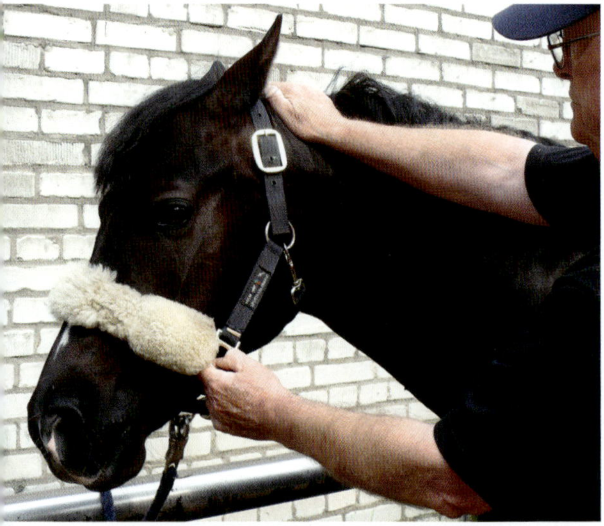

Das Gleiche gilt für rhythmisches Drücken, wie hier dargestellt.

Weitere Maßnahmen

Nach der Behandlung sollte das Pferd leicht bewegt werden. Wiederholungen sind je nach Situation oft bis zu dreimal im Abstand von drei Tagen erforderlich.

Probleme an **SP 1** sind vermehrt bei Dressurpferden, Fahrpferden, Gelände- und Distanzpferden zu beobachten.

Dehnung des SP 1

Nehmen Sie, wie in vielen anderen Fällen, z.B. eine Möhre und verlangen eine Beugung wie auf dem Foto zu sehen. Das Pferd soll den Kopf leicht heben und die Nase etwas in Richtung Bug bewegen. Halten Sie diese Dehnung einige Sekunden – wenn möglich zehn Sekunden oder mehr. Zu Beginn ist dies schwierig. Bei mehrfachen Wiederholungen wird es sicher leichter.

Dehnung des SP 1.

SP 2

SP 2 M. brachiocephalicus

(Arm-Kopf-Muskel)

Aufgabe

Dieser Muskel hat zwei Aufgaben. Bei einseitiger Wirkung: Seitwärtsbewegung von Hals und Kopf. Bei beidseitiger Arbeit und stehenden Vorderbeinen: Zurück- und Niederziehen von Kopf und Hals.

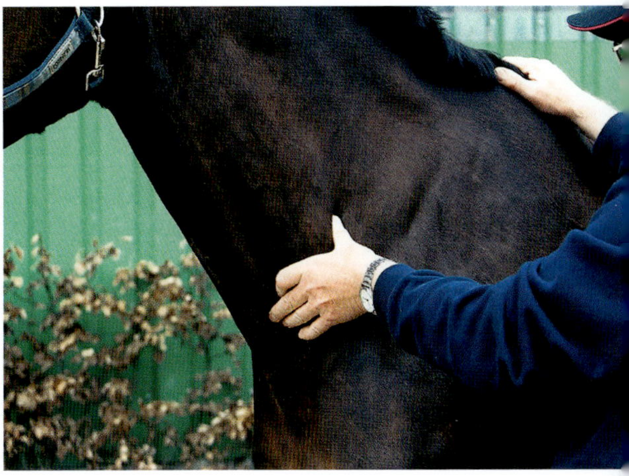

Probleme

Bei geforderten Wendungen treten Widersetzlichkeiten auf, die zunächst auf gerader Linie nicht so deutlich werden. Im fortgeschrittenen Stadium sind bei allen Lektionen Probleme zu erwarten.

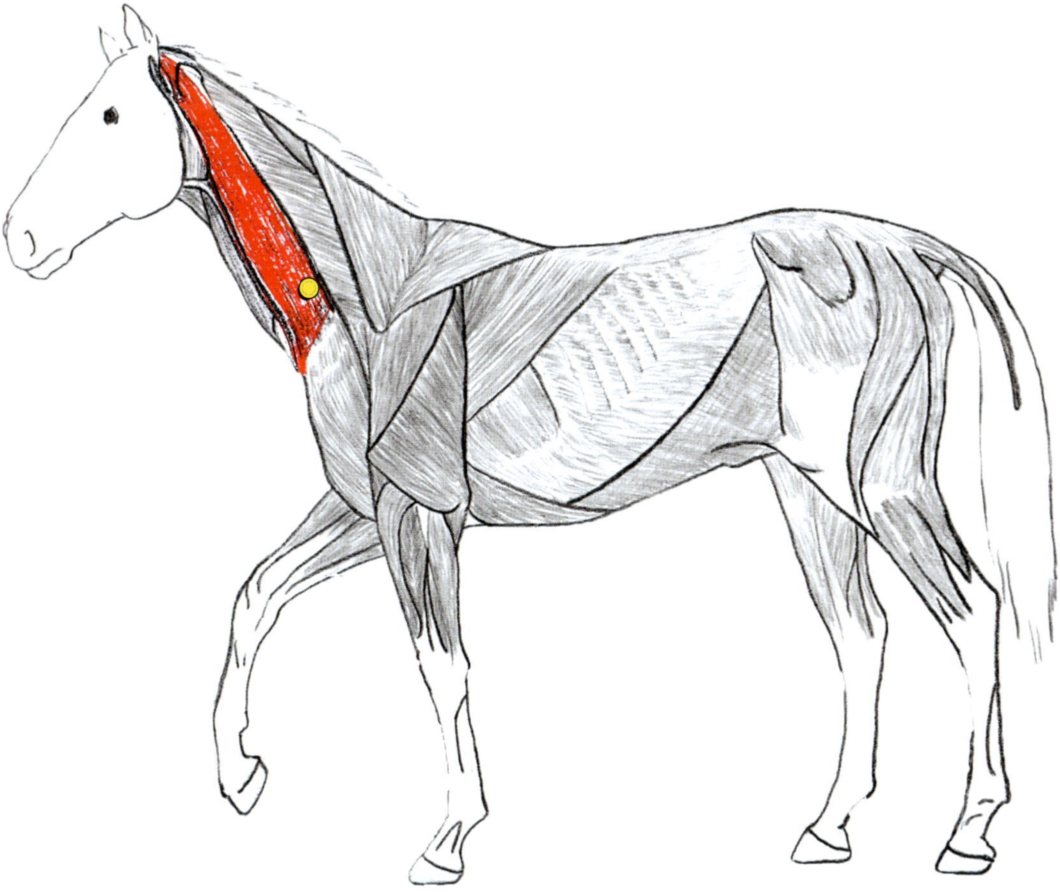

Lokalisierung und Therapie

Den Punkt zwei findet man etwa im unteren Drittel des Muskelstranges. Dieser Muskelstrang lässt sich bei den meisten Pferden gut zwischen Daumen und Mittelfinger nehmen. Beginnen Sie etwa an der Hälfte des Halses zwischen Kopf und Vorderkante des Schulterblattes und gleiten mit mittlerem Druck in Richtung Schulter nach unten.
Finden Sie ein Areal, wo das Pferd deutliches Unbehagen oder Widerstand bis zum Wegdrehen des Halses zeigt, können Sie von einer Verspannung ausgehen.
Bei einiger Übung werden Sie, wenn Sie so vorgehen, feststellen, dass Sie unterhalb des Muskelstranges einen Knochen fühlen können, der gefolgt wird von einem Bereich, der sich wie ein kleines Tal darstellt. Sie haben die Querfortsätze der Halswirbel gefunden. Im Talbereich liegt der Stresspunkt.

Es versteht sich von selbst, dass auch hier direkter Druck und kleine Zirkelungen die ersten Maßnahmen sind. Der Muskelstrang soll nicht zwischen Daumen und Mittelfinger gequetscht werden, sondern die Partie oberhalb des Muskelstranges ist wie oben beschrieben zu massieren. Leichte und rhythmisch ausgeführte Drückungen über den gesamten Muskel komplettieren Ihre Arbeit dann.
Je nach Situation und Reaktionen des Pferdes sind meist ein bis zwei Behandlungen ausreichend.
Wenn Sie ein Fahrpferd zu behandeln haben, werden Sie diese Muskulatur öfter als bei allen anderen Disziplinen belastet finden.
Obwohl Springpferde hier seltener Probleme haben, kann aber bei Schwierigkeiten in Wendungen dieser Punkt auch intensiv betroffen sein.
Bei diesem Punkt ist es über den gesamten Verlauf schwierig, quer zur Faser zu reiben.

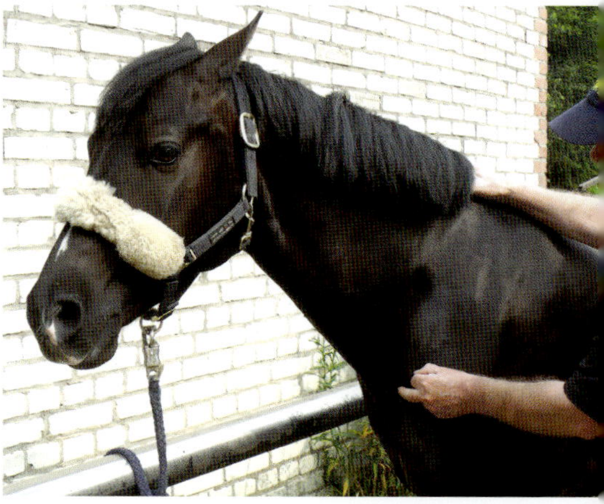

In diesem Bereich kann quer zur Muskelfaser gearbeitet werden.

Lediglich im letzten Drittel, kurz bevor der Muskel an der Brust ankommt, kann quer zur Faser gerieben werden. Oft zeigt sich auch dann erst, wie stark dieser Muskel verspannt ist. Dazu ist mehr im letzten Abschnitt dieses Buches zu finden.

Weitere Maßnahmen

Bei den ersten Trainingseinheiten unter dem Sattel oder im Gespann sollten zunächst keine engen Wendungen gefordert werden.

Dehnungen

Ganz wichtig und sehr effektiv sind Dehnungen des Brachiocephalicus nach der entsprechend dargestellten Arbeit. Es ist das betroffene Vorderbein aufzuheben und oberhalb des Vorderfußwurzelgelenkes zu erfassen.
Mit leichtem Zug nach rückwärts/abwärts Spannung aufbauen. Bei beginnendem Widerstand des Pferdes Spannung halten. Sobald dieser Widerstand nachlässt, sollte versucht werden, den Zug zu verstärken. Zu beachten ist, dass die Zugrichtung parallel zum Pferdekörper zu erfolgen hat.
Auch Ihre Position ist so zu wählen, dass der eigene Rücken möglichst gerade gehalten,

Dehnübung Brachiocephalicus.

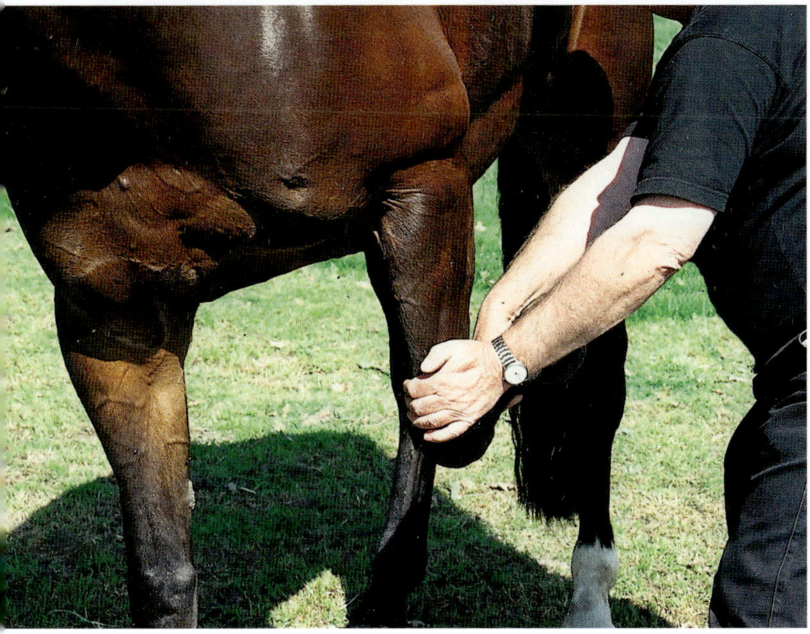

Retraktion.

die Beine entsprechend gespreizt werden und über den Knien die jeweilig notwendige Höhe erreicht wird.
Bei dieser Dehnung – Retraktion genannt – erreichen Sie den Brachiocephalicus derselben Seite. Die gegenüberliegende Seite wird, allerdings mit der bei **SP 3** beschriebenen Dehnung nicht so effektiv erreicht.
Wenn Dehnübungen richtig durchgeführt und dem Muskel die Spannung genommen wurde, ist wieder Bewegung und normales Training des Pferdes angesagt.

SP 3 M. multifidus cervicis

(Vielästiger Muskel)

Aufgaben

Die Hauptaufgabe dieses Muskels ist die Abwendung des Halses in Richtung der Kontraktion. Außerdem wird der Kopf sich durch die Kontraktion des Muskels in die gegenüberliegende Seite drehen.

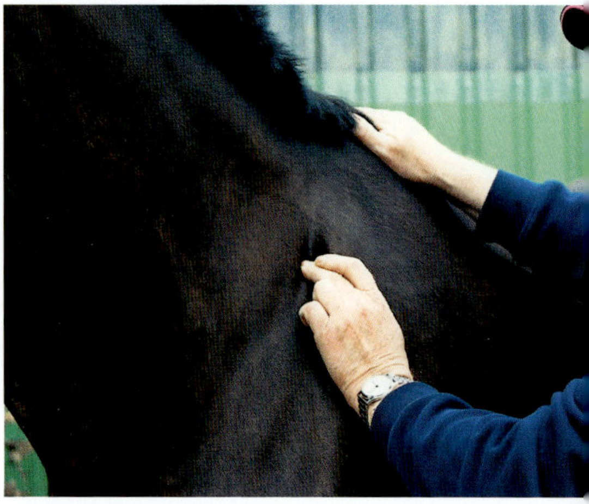

Probleme

Sofern z.B. das Pferd nach rechts gestellt werden soll und dies nicht oder nur schwer möglich ist, kann von einer Verspannung des **SP 3** auf der linken, also gegenüber liegenden Seite ausgegangen werden.

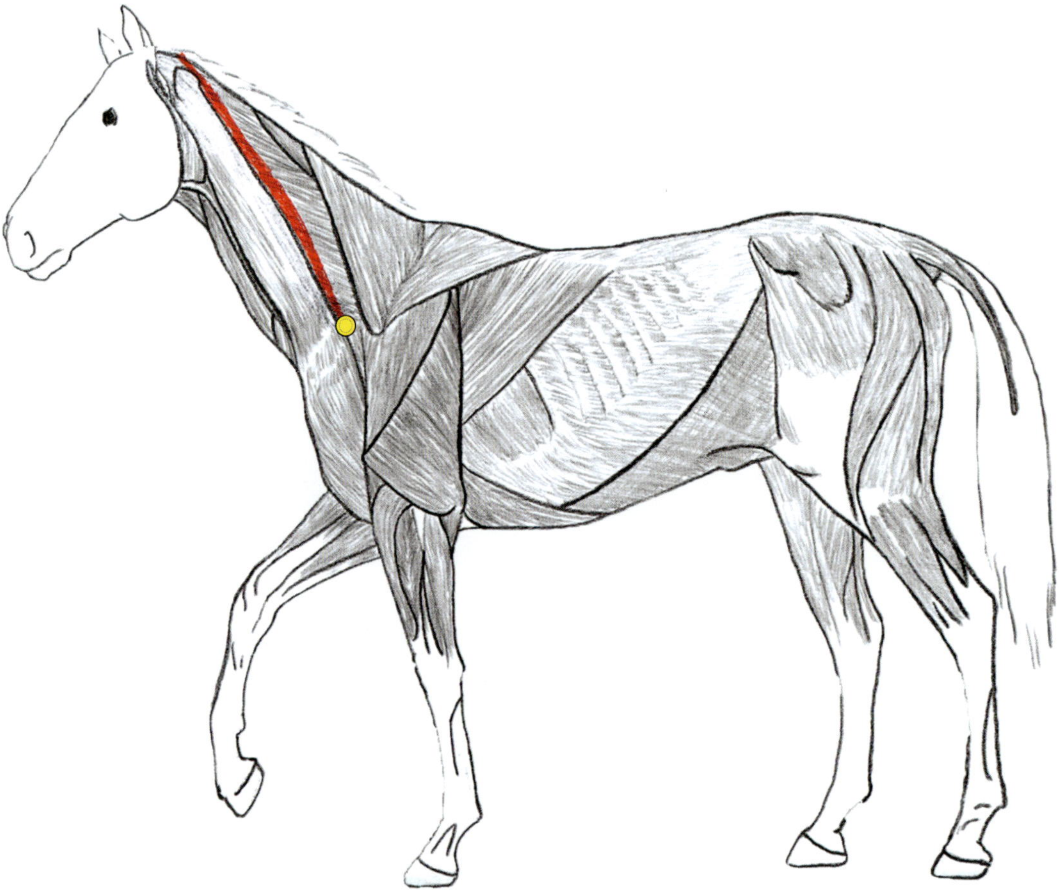

Lokalisierung und Therapie

Dieser Punkt befindet sich an der zur Kopfrichtung gelegenen, knorpelig ausgebildeten Vorderkante des Schulterblattes.

Die Reaktion des Pferdes bei Druck auf diesen Bereich kann von leichter Abwehr bis zu heftigem Ausweichen gehen.

Es ist allerdings intensiver Druck nötig, um hier einen Hinweis über eine eventuelle Verspannung zu bekommen. Da sich der knorpelige Bereich unter Ihren Finger eventuell hin und her bewegt, muss dieser Bereich großflächiger mit deutlichem Druck abgetastet werden.

Wenn diese Region therapiert werden muss, ist es oftmals sinnvoll und erforderlich, hinter das Schulterblatt zu greifen. Es ist schon erstaunlich, wie oft Pferde gerade diese, für den Therapeuten anstrengende Behandlung, genießen.

Um hier effektiv zu arbeiten, nehmen Sie mit der freien Hand den Kopf des Pferdes etwas zu sich.

Wenn Sie vor dem kopfwärts gelegenen Halsteil des Pferdes eine Hautfalte unter Ihrer Handkante bilden und dann mit dieser Handkante langsam hinter das Schulterblatt gleiten, wird diese Arbeit meistens leichter gelingen.

Bewegen Sie Ihre Handkante soweit möglich auf- und abwärts, so, dass Sie die gesamte Region hinter dem Schulterblatt lockern.

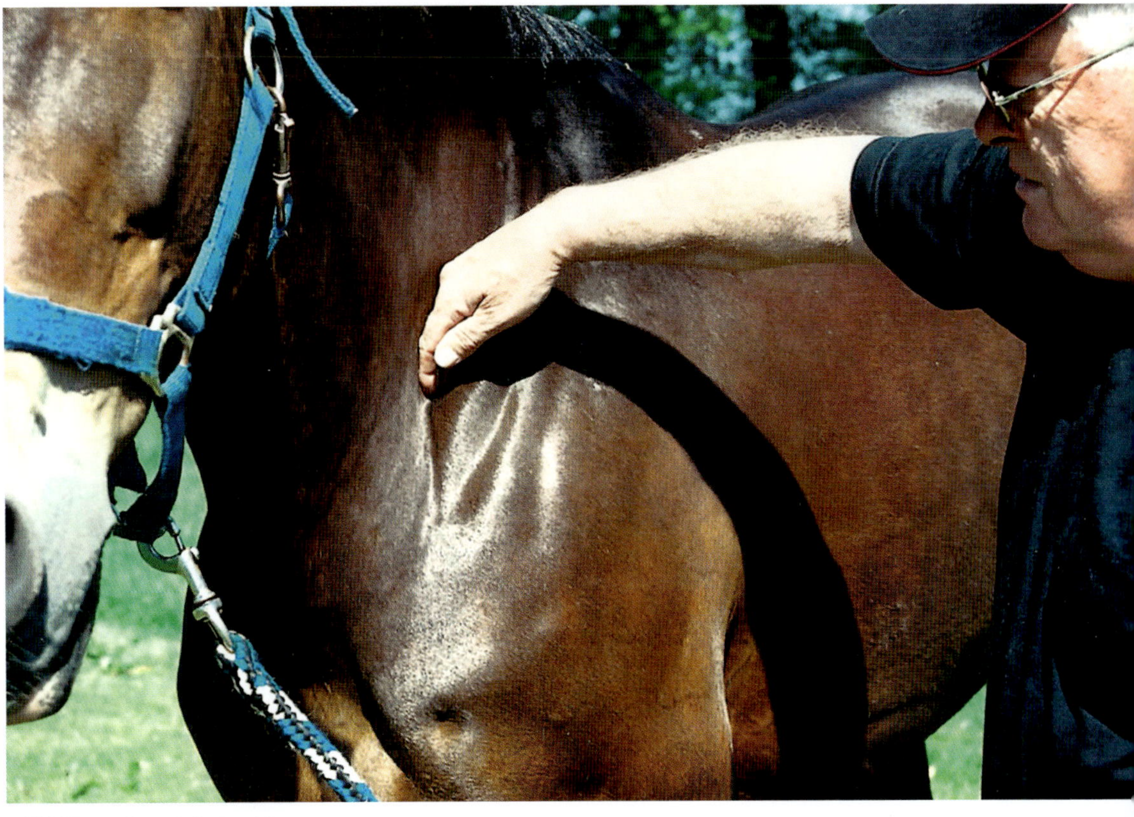

SPM hinter dem Schulterblatt.

Der Muskelverlauf ist auf der Skizze Seite 52 erkennbar dargestellt und sollte als Behandlungsabschluss über seinen gesamten Verlauf rhythmisch mit dem Handballen massiert werden.
Bei diesem Muskel ist weder Reiben quer zur Faser noch rhythmisches Drücken möglich.

Weitere Maßnahmen

Unter dem Reiter oder im Gespann sollten Wendungen gefordert werden. Auch wenn nur ein einseitiger Befund vorlag, gilt dies für beide Seiten.

Dehnungen

Dehnungen können bei dieser Problematik sehr erfolgreich die Muskelsituation verbessern. Benutzen Sie, wie auf dem Foto zu sehen, als Lockmittel eine Möhre oder einen Büschel Heu. Mit Möhren funktioniert das meist besser. Verlangen Sie eine Dehnung, die langsam aufbauend den Kopf und Hals in einer leichten Abwärts-rückwärts-Bewegung in Richtung hintere Rippen führt. Sollte diese Dehnung erstmalig von Ihrem Pferd verlangt werden, versuchen Sie nicht gleich »Weltmeister« werden zu wollen. Dieser Bereich sollte nur soviel gedehnt werden, wie es Ihr Pferd ohne sich zu widersetzen mitmacht.
Häufige Wiederholungen und kleine Schritte bringen länger anhaltenden Erfolg.

Probleme in dieser Region sind bei Gespannpferden sowie bei Distanzpferden vermehrt zu erwarten.

SP 4,5,6

SP 4, 5, 6 M. trapezius

(Brust- und teilweise Halsportion) trapezförmiger Muskel

M. rhomboideus (major und minor)

rautenförmige Muskeln

Aufgaben

Beide Gruppen ziehen das Schulterblatt nach oben und nach vorne. Sie heben die Schultern und ziehen das Schulterblatt auch nach hinten.

Probleme

Es ist oft ein Mangel an Koordination und Bewegungsfreiheit zu verzeichnen. Dies geht meist mit einem gewissen Kräfteverlust einher.

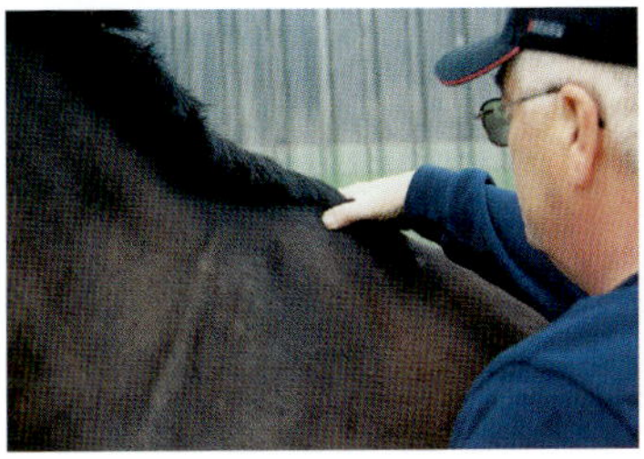

SP 4

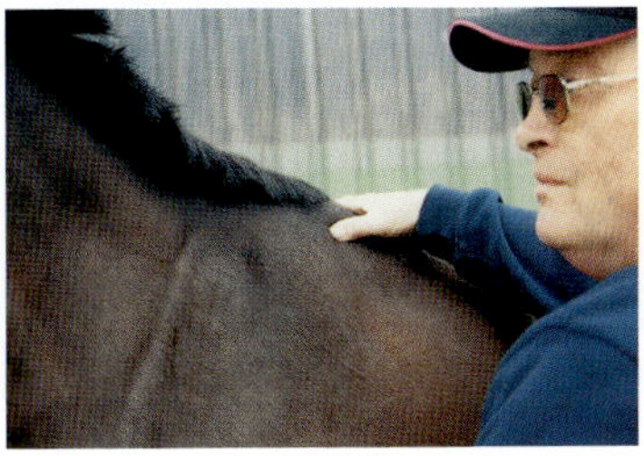

SP 5

SP 6

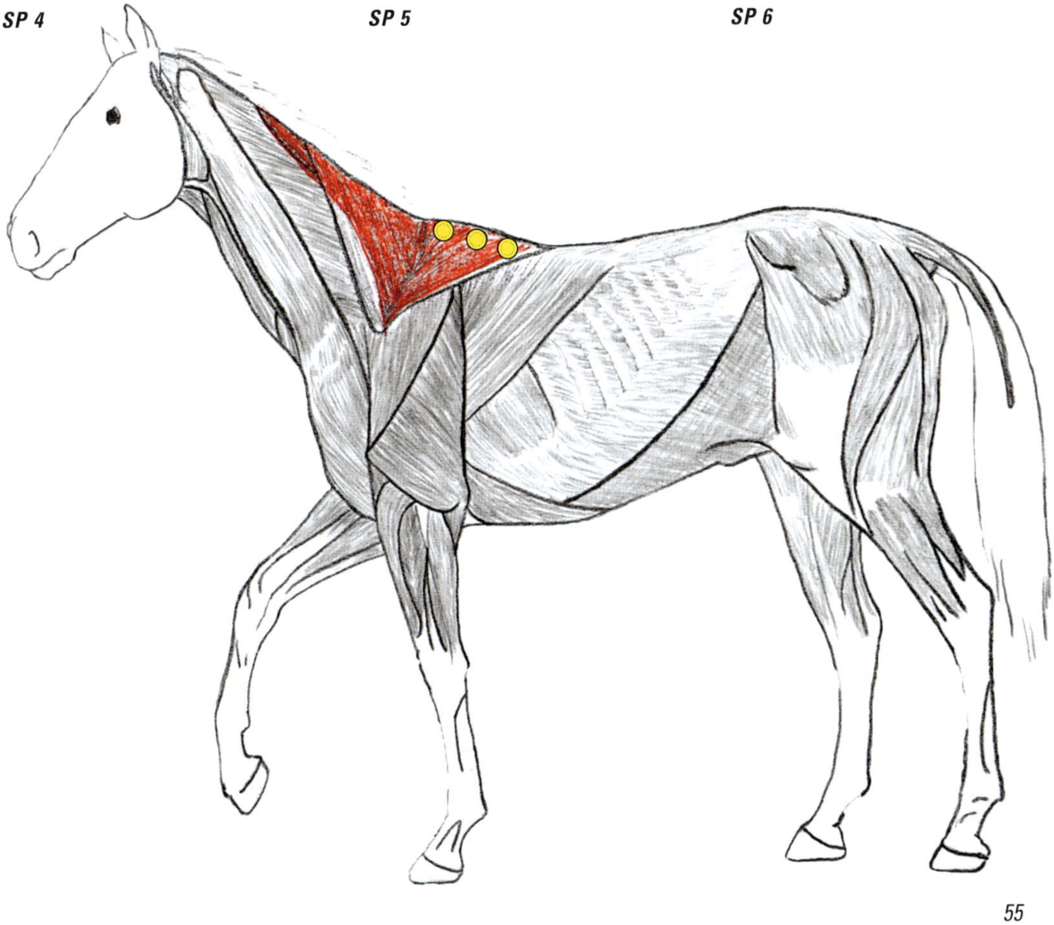

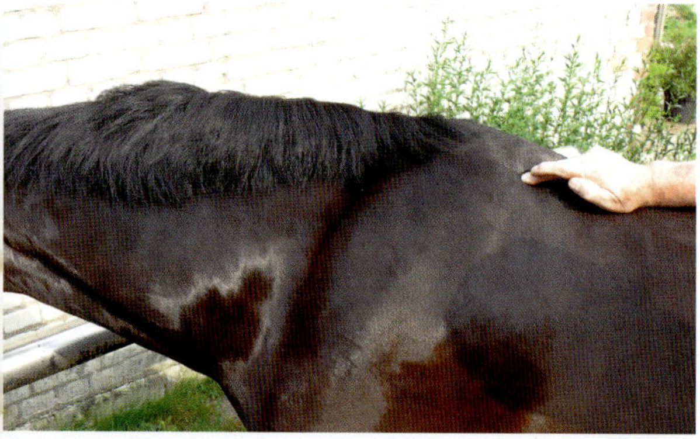

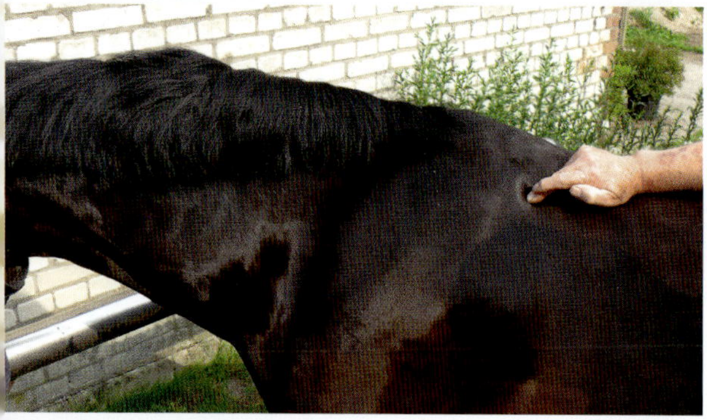

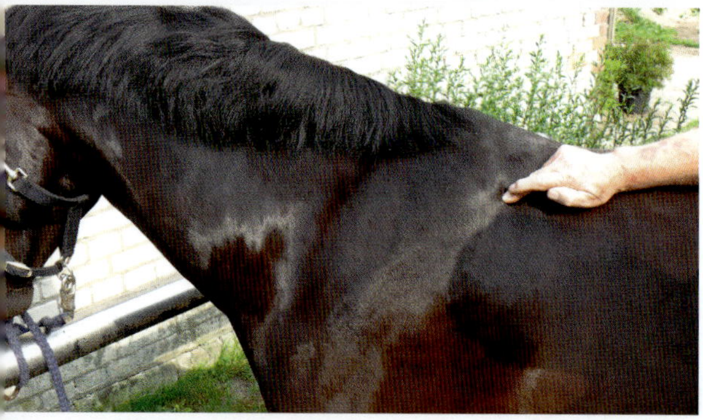

Reiben quer zur Faser.

Verspannungen in dieser Region verursachen fast immer Probleme in benachbarten Bereichen.

Lokalisation und Therapie

Diese Region ist einfach zu finden. Die Stresspunkte liegen im Verlauf seitlich des Widerristes. Sie sind sehr häufig aktiv.

Bei Druck in dieser Zone können Sie heftigste Reaktionen erwarten. Manchmal erzeugen Sie ein Hautzittern, welches über das ganze Pferd geht. Wenn eine deutliche Verspannung vorliegt, krümmt sich das Pferd regelrecht oder weicht aus.

Die einfachste Art hier zu beginnen ist, vier Finger der Hand über den Widerrist zu legen und mit Daumendruck vorsichtig von vorne nach hinten diese ganze Region abzutasten.

Bitte seien Sie vorsichtig: Pferde, die eventuell schon länger Probleme in diesem Bereich haben, können äußerst aggressiv reagieren. Stellen Sie also Ihre Druckstärke auf die Reaktion des Pferdes ein.

Merken Sie sich die Stelle, an der die stärkste Reaktion erfolgt, hier beginnen Sie. Halten Sie den Daumendruck. Sobald das Pferd etwas ruhiger wird, verstärken Sie den Druck.

Die nächste Stufe ist, an diesem Punkt leichte Zirkelungen mit zunehmender Intensität vorzunehmen, die dann auch auf die benachbarten Punkte ausgedehnt werden.

Hier ist je nach Reaktion so lange zu behandeln, bis auf Druck keine Schmerzreaktion mehr auslösbar ist.

Weitere Maßnahmen

Dem Trainingszustand des Pferdes angepasstes Vorwärtsreiten oder Fahren wird das Behandlungsergebnis verbessern.

Bei Problemen in diesem und den nachfolgenden Bereichen muss unbedingt der Sattel

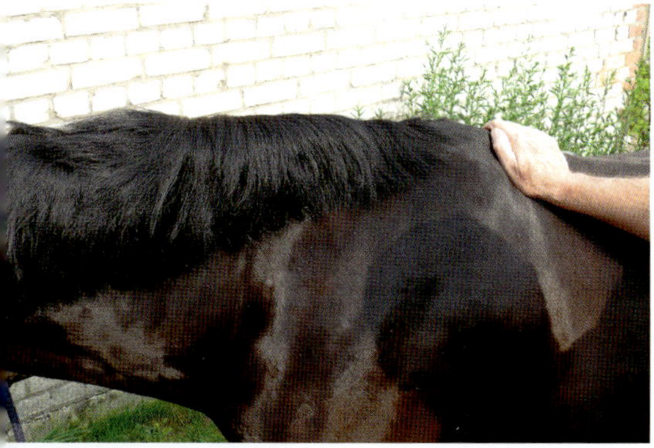

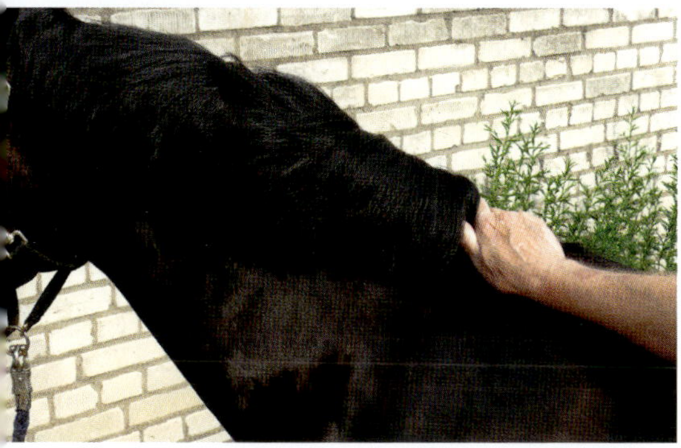

Der rhythmische Druck erfolgt in dieser Region, wobei der letzte Teil unterhalb vom Mähnenkamm mitbehandelt werden kann.

auf Sitz und Passgenauigkeit geprüft werden. Passt Ihr Sattel nicht oder sitzt das Geschirr schlecht, wird Ihre Arbeit immer nur kurzfristig Besserung erreichen. Diese Mängel an Sattel und Geschirr müssen abgestellt werden, sonst haben Sie immer wieder die gleichen Probleme.

Sie werden in dieser Region fast bei Pferden aller pferdesportlicher Disziplinen Verspannungen finden. Besonders habe ich bei Dressurpferden, die sehr schnell für anspruchsvolle Aufgaben trainiert wurden, heftigste Reaktionen erlebt, teilweise derart stark, dass nach einer nur für Diagnosezwecke durchgeführten Palpation (Untersuchung mit der Hand) eine Behandlung aufgrund der Gegenwehr des Pferdes nicht mehr möglich war.

Wie man dennoch zu einer erfolgreichen Behandlung kommen kann, wird an anderer Stelle dieses Buches beschrieben.

Zusammenfassung

Diese Muskelgruppe ist sehr oft auffällig. Demnach nutzen Sie hier drei Maßnahmen besonders intensiv: direkter Druck auf den aktiven Punkt, Reiben quer zur Faser über den gesamten Muskel und rhythmisches Drücken, indem der Handballen auf die betroffene Fläche gelegt und pumpender Druck, manchmal unter Einsatz des Körpergewichtes, ausgeübt wird. Da das Pferd öfter als man denkt an diesen Punkten heftig reagieren kann, achten Sie auch auf Ihre Arbeitsposition. Beobachten Sie das Ohrenspiel des Pferdes. Wenn es sich umdreht und z.B. versucht zu beißen, nehmen Sie den Druck zurück, gehen vielleicht an eine Stelle, die das Pferd genießt, und arbeiten sich langsam an die Problemstelle heran.

Dehnungen

Um den Trapezius zu dehnen, sind mehrere Aktionen möglich und erforderlich. Zunächst Protraktion (Hinausziehen der Vorderbeine nach vorne).

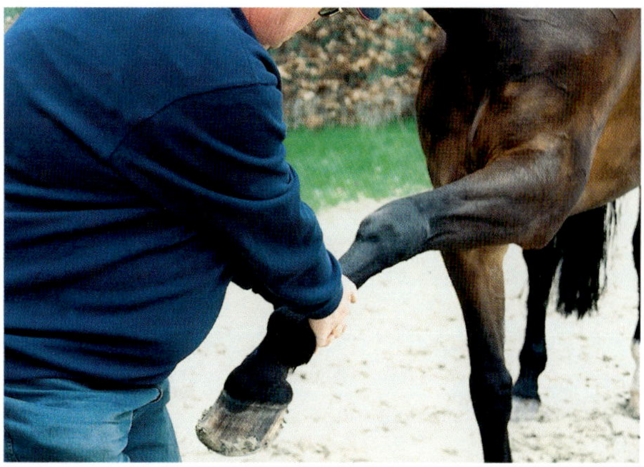

Protraktion des linken Vorderbeines.

Das betroffene Bein oberhalb des Fesselgelenkes aufnehmen und langsam nach vorwärts/aufwärts durch Zug Spannung aufbauen. Ergreifen Sie das Bein jedoch nicht mit den Fingern und verschränken diese, sondern benutzen Sie beide Hände wie auf dem Foto zu erkennen. Die Dehnung 30 Sekunden halten. Viele Pferde strecken bei dieser Übung ihr Bein von selber in die Dehnungsrichtung. Sofern dies erfolgt, kann die Übung beendet werden.
Versuchen Sie nicht, gegen einen eventuellen Widerstand des Pferdes zu arbeiten. Sie haben keine Chance.

Wenn Widerstand erfolgt, gehen Sie mit Ihren Anforderungen zurück, bis das Pferd die geforderte Dehnung toleriert. Sie erreichen mit dieser Dehnung besonders den in Richtung Brustkorb gelegenen Teil des Trapezius. Der zweite Teil dieser Übung ist die so genannte Adduktion (Heranführen des Vorderbeines an den Körper).
Sie beginnen wie vorstehend beschrieben mit dem Aufheben des betroffenen Vorderbeines. In der Bewegung vorwärts wird das Bein aber in Richtung des gegenüberliegenden Beines gebracht.
Auch hier sollte die Dehnung schon bis 30 Sekunden gehalten werden.
Diese Dehnung erreicht sowohl den Trapezius als auch den Rhomboideus.
In beiden Fällen das Bein bitte nicht einfach loslassen, sondern mit der Hand der Bewegung folgend das gedehnte Bein auf den Boden aufsetzen.

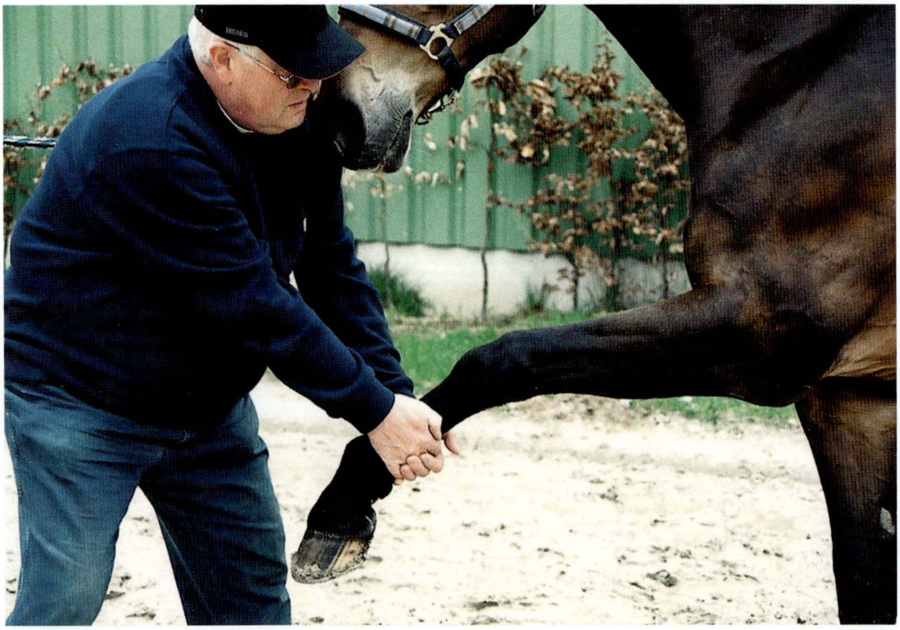

Adduktion: Heranführen des Vorderbeines an den Körper.

SP 7 M. supraspinatus

(Obergrätenmuskel)

Aufgabe

Dieser Muskel streckt das Schultergelenk und wirkt als seitlicher Schutz vor Dislokation (Lageveränderung) des betroffenen Gelenkes.

Probleme

In der Vorwärtsbewegung erscheint der Schritt verkürzt. Häufig wird bei diesen Problemen von einer Zügellahmheit gesprochen, obwohl die Ursache bei dem **SP 7** zu suchen ist. Es entsteht der Eindruck, dass das Pferd die Vorhand nur schwer heben kann.

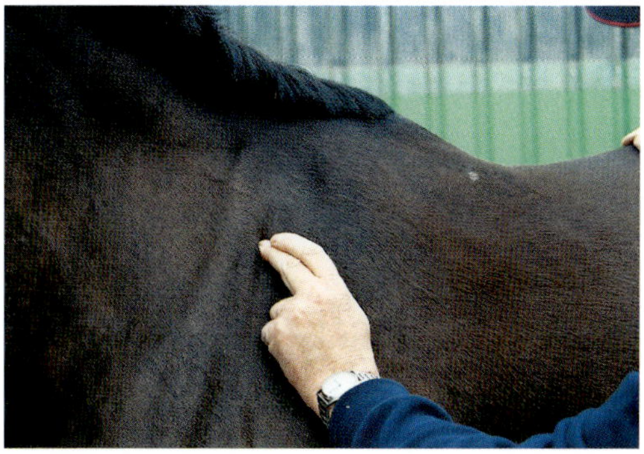

Lokalisation und Therapie

Gleiten Sie mit dem Daumen oder dem Mittelfinger vom Widerrist ausgehend nach unten. Orientieren Sie sich an der Vorderkante des Schulterblattes. Etwa im oberen Drittel des Schulterblattes in Richtung Schulterblattgräte finden Sie den **SP 7**.

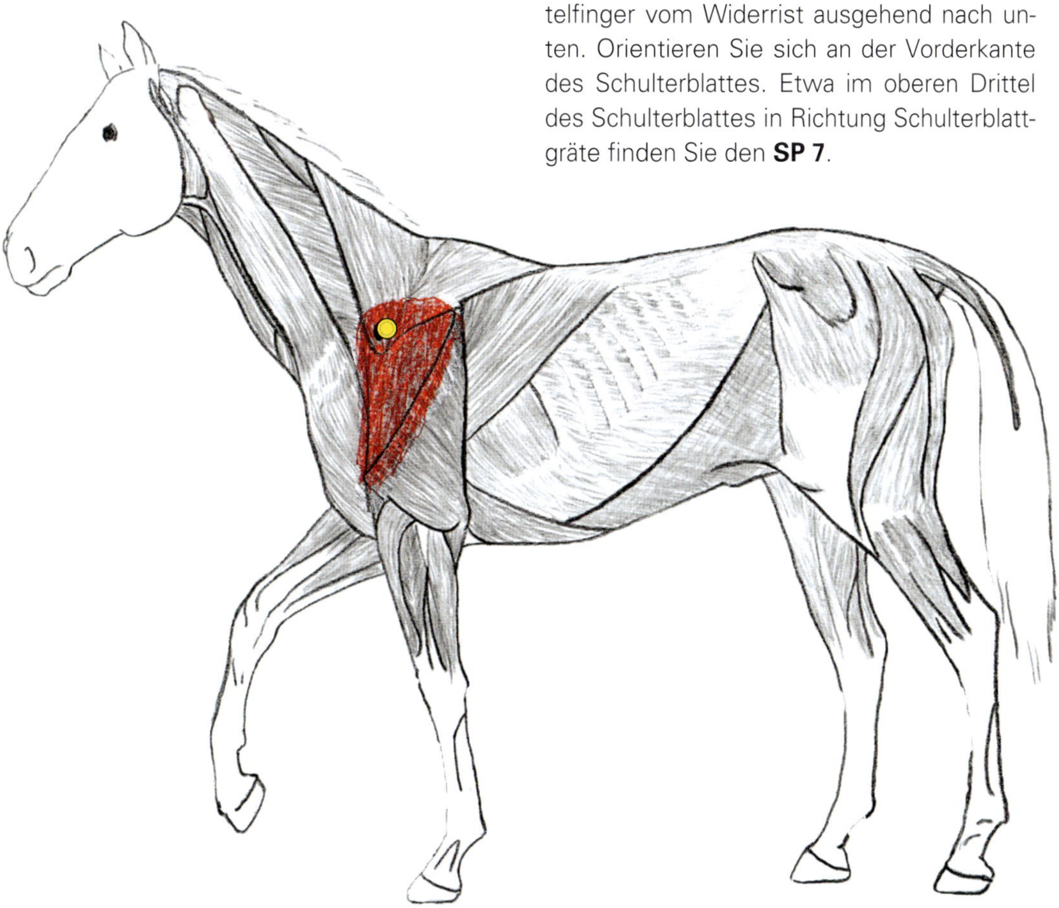

scapula). Etwas weiter hinten finden Sie den **SP 8**. Erfolgt hier bei direktem Druck oder in der näheren Umgebung ein Hautzittern oder Ausweichen des Pferdes, können Sie sicher von einer Verspannung ausgehen.
Massieren Sie bei zunehmender Druckstärke punktuell die gesamte Region und vervollständigen Sie Ihre Massage mit Zirkelungen. Auch dieser Muskel sollte großflächig mittels Drückungen behandelt werden.

Dehnung

Entgegen der Retraktion an **SP 7** sollte hier nun das jeweilige Vorderbein nach vorne genommen und angehoben werden. Dies erfolgt langsam ansteigend und solange, wie das Pferd ohne Widerstand mitmacht. Wenn die Endposition erreicht ist, einen Moment warten und dann versuchen, diese Endposition noch etwas weiter nach aufwärts zu dehnen. Sonstigen Lektionen wie das Anheben der Schulter, das bei **SP 7** beschrieben wurde, bringen auch hier oft noch eine Verbesserung.
Besonders Spring-, Distanz- und Fahrpferde zeigen an **SP 8** deutlich vermehrt Probleme.

Weitere Maßnahmen

Nach Abschluss der ersten Behandlung sollte das Pferd in steigender Anforderung vorwärts geritten oder gefahren werden.
Die Stresspunkte 7 und 8 neigen bei schon länger bestehenden Problemen zu Rückfällen. Einer vorbeugenden Behandlung und natürlich auch Widerholungen im Abstand von etwa drei Tagen steht nichts im Wege.

Zusammenfassung

Bei diesen beiden Muskeln ist es nur eingeschränkt möglich, quer zur Faser zu reiben und rhythmisches Drücken durchzuführen, da der größere Teil der beiden Muskeln diesen Behandlungen nicht zugängig ist.

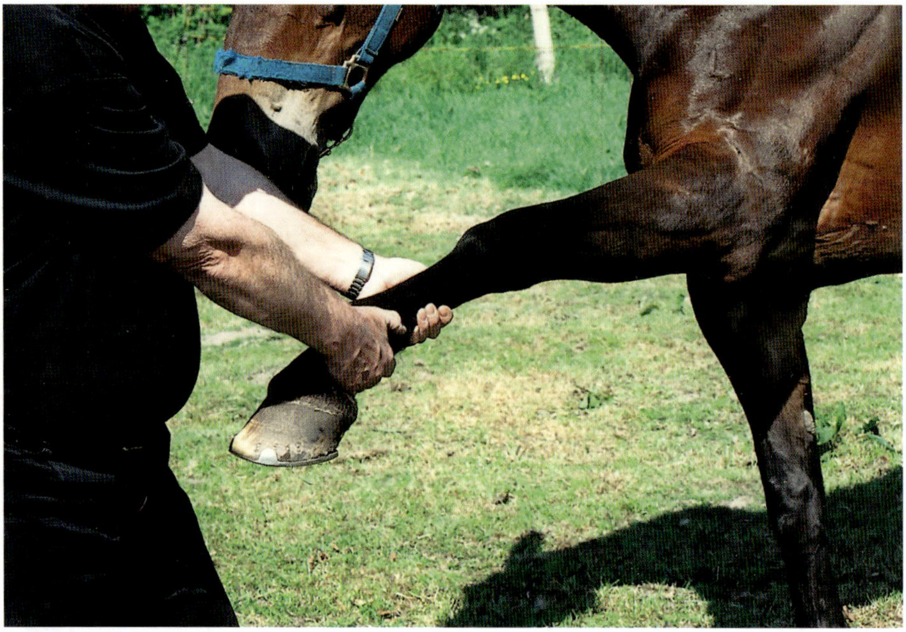

Maximale Dehnung der Vorhand.

SP 9

SP 9 M. serratus ventralis thoracis

(zum Bauch hin gelegener Sägemuskel)

Aufgabe

Dieser Muskel zieht den Rumpf nach, wenn das Vorderbein aufgesetzt wird.

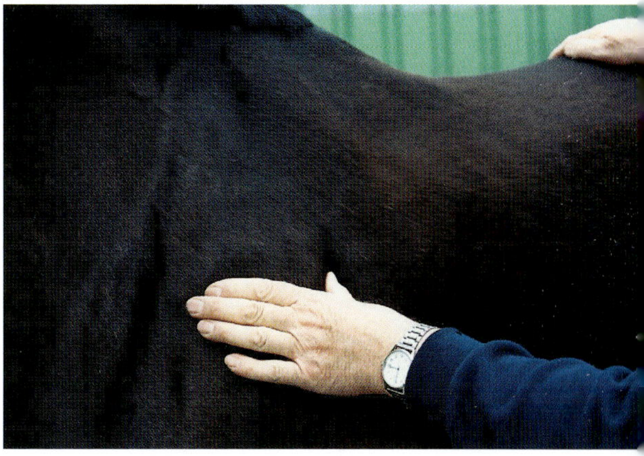

Probleme

Zunächst sind in Ruhe keine Beschwerden feststellbar. Erst wenn der Sattelgurt angezogen wird, ist meist eine Steifheit in der Bewegung festzustellen. Oft rutscht der Sattel immer wieder zu einer Seite.

Lokalisation und Therapie

Dieser Punkt befindet sich fast auf einer Linie mit **SP 7** und **SP 8**. Er liegt aber etwas mehr nach hinten/unten, hinter dem hinteren Rand des Schulterblattes. Wenn dort ein Gewebeknoten zu spüren ist, das Pferd bei ansteigendem Druck zur Seite tritt oder die Haut großflächig zittert, kann von einer massiven Ver-

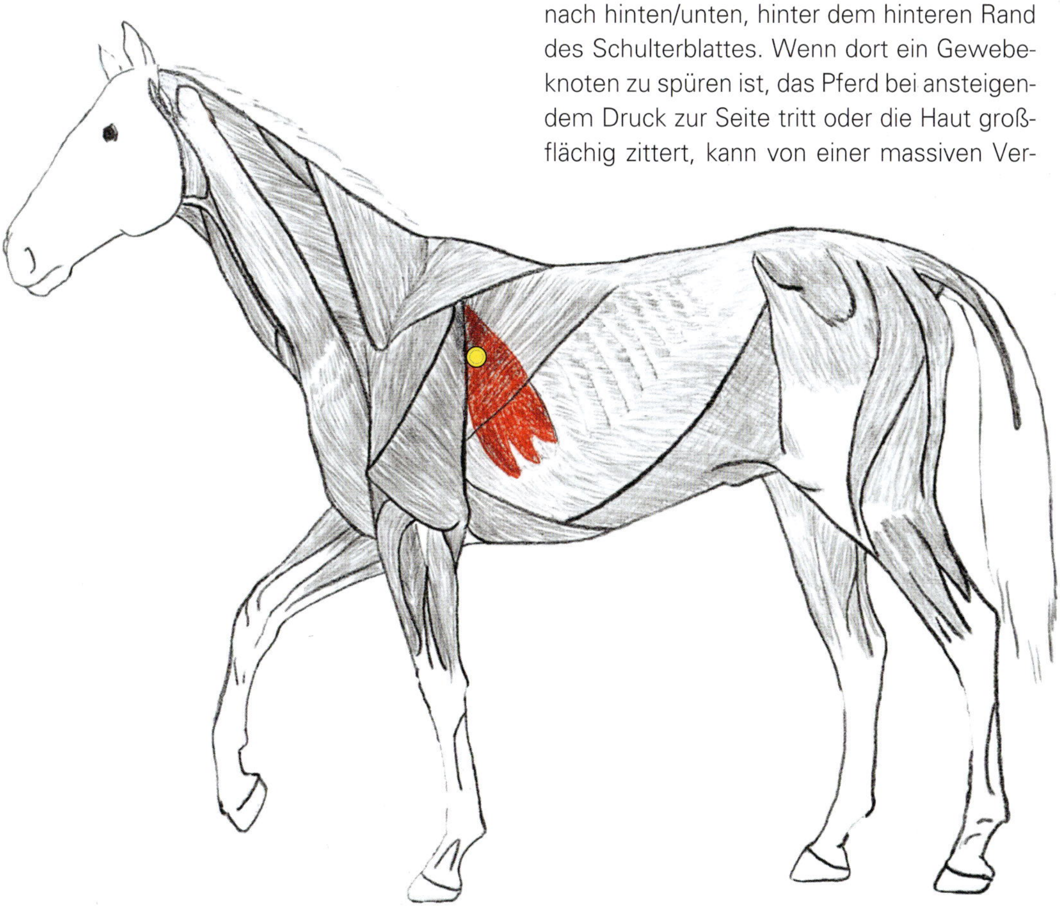

spannung ausgegangen werden. Der Druck auf das Schmerzzentrum sollte ansteigend und in der zweiten Phase in kleinen kreisenden Bewegungen erfolgen. Eine rhythmische Massage des gesamten Muskels mit Handballen oder der geschlossenen Faust wird dem Pferd Erleichterung bringen.

Zusammenfassung

Selbstverständlich wird auch hier quer zur Faser gerieben, wie auf den Fotos dargestellt.

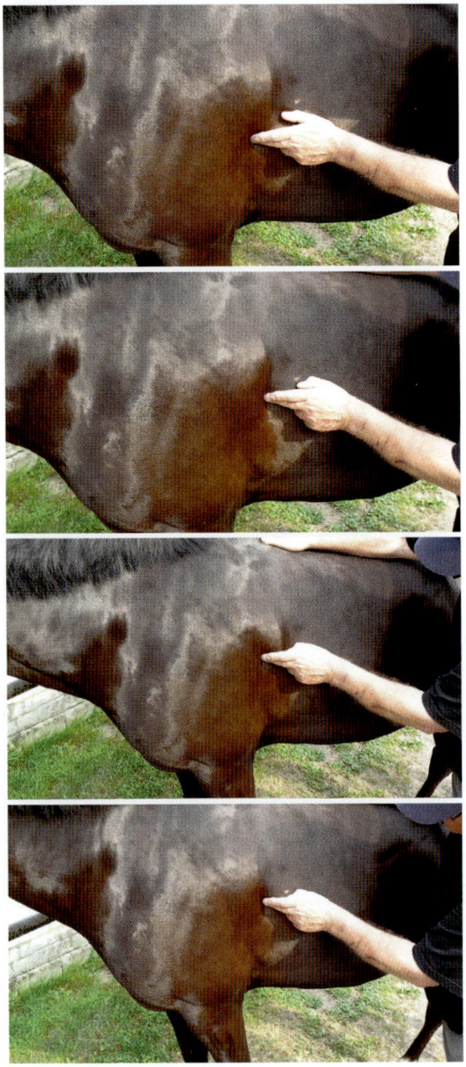

Da über dem Rippenbogen gearbeitet wird, nur zurückhaltend rhythmisch drücken. Benutzen Sie dazu die glatte Seite der Faust.

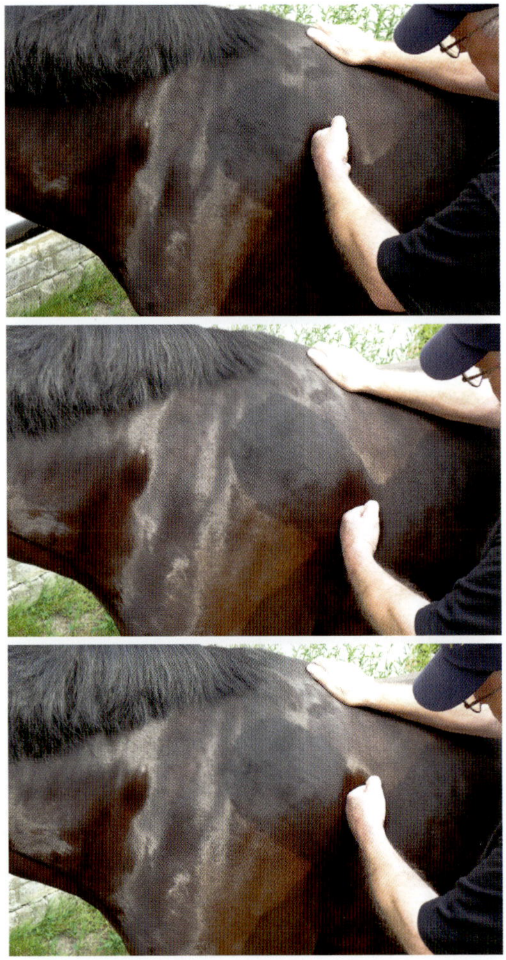

Weitere Maßnahmen

Wenn bekannt ist, dass das Pferd vor der Behandlung eventuell ein Bein- oder Schulterproblem hatte, ist diesem Punkt besondere Aufmerksamkeit zu widmen.

Außerdem ist zu erwähnen, dass bei Verspannungen an **SP 9** oft auch Verkrampfungen an der Innen-/hinteren Seite des Vorderbeines vorkommen. Diese Region sollte

dann bei aufgehobenem Vorderbein massiert werden. In derartigen Fällen empfiehlt sich, ein Massagegerät, auf das wir später noch kommen werden, einzusetzen.
Bei der anschließenden Arbeit unter dem Sattel oder im Gespann sind besonders viele groß angelegte Wendungen gefragt.

Dehnungen

Eine direkte Dehnung des gesamten Muskels Serratus thoracis ist kaum möglich.
Nach der SPM kann aber auch ergänzend eine Protraktion eines oder beider Vorderbeine die Arbeit komplettieren. Sinnvoll ist hier, dabei die gesamte Schulter anzuheben und vorwärts/rückwärts zu aktivieren.

Möglich Dehnung des SP 9.

Man kann außerdem das Pferd durch Zeigen einer Möhre veranlassen, den Kopf und Hals nach hinten zu nehmen. Zum Dehnen des Muskels bedarf es der Aktion auf der gegenüberliegenden Seite.
Zur Klarstellung: Haben Sie die rechte Seite **SP 9** behandelt, muss, um die Dehnung wirkungsvoll auszuführen, die linke Seite mit der Möhre aktiviert und langsam nach hinten, Richtung Hüfthöcker, gebracht werden.
Eine weitere Dehnung ist durch Adduktion des betroffenen Beines in die gegenüberliegende Richtung gegeben.

Drei Möglichkeiten, den SP 9 zu dehnen:

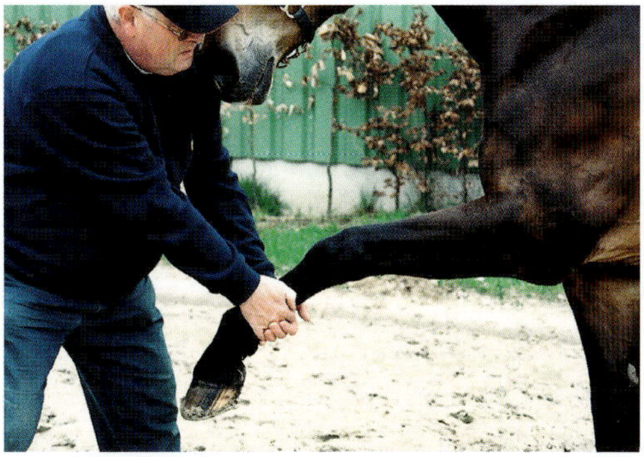

Protraktion (Dehnung nach vorne), ...

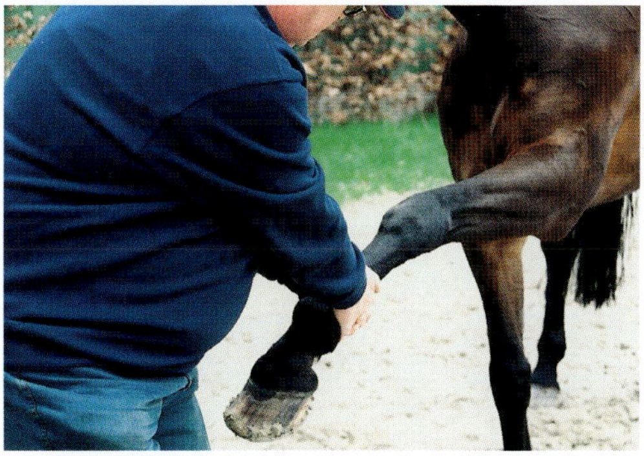

... Adduktion, ...

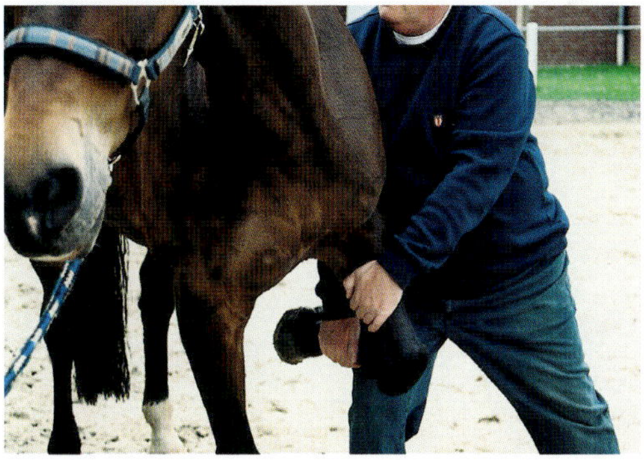

... Aufheben der Schulter.

Bei Vielseitigkeits-, Gespann-, Distanz- und Springpferden wird dieser Punkt häufig betroffen sein.

SP 10 M. triceps brachii

(Oberarmmuskel, oberes Ende)

Aufgabe

Dieser Muskel ist für die Bewegung des Schultergelenkes zuständig.

Probleme

Bei geforderten Trabverstärkungen treten Taktunreinheiten an der Vorhand auf, die sich bis zur eindeutigen Lahmheit steigern können. Springpferde lassen das betroffene Bein am Sprung hängen. Die Schrittlänge erscheint verkürzt.

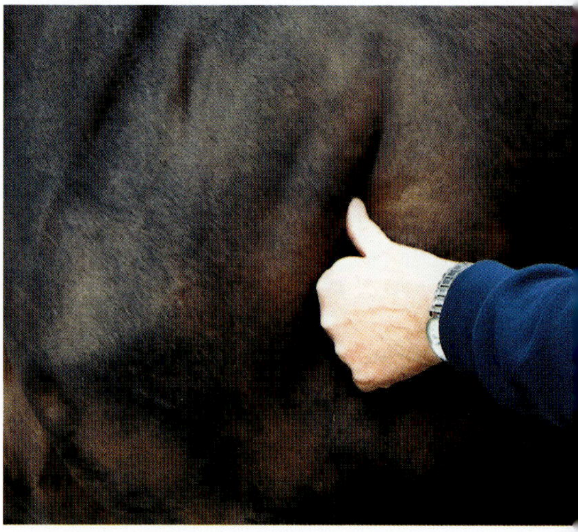

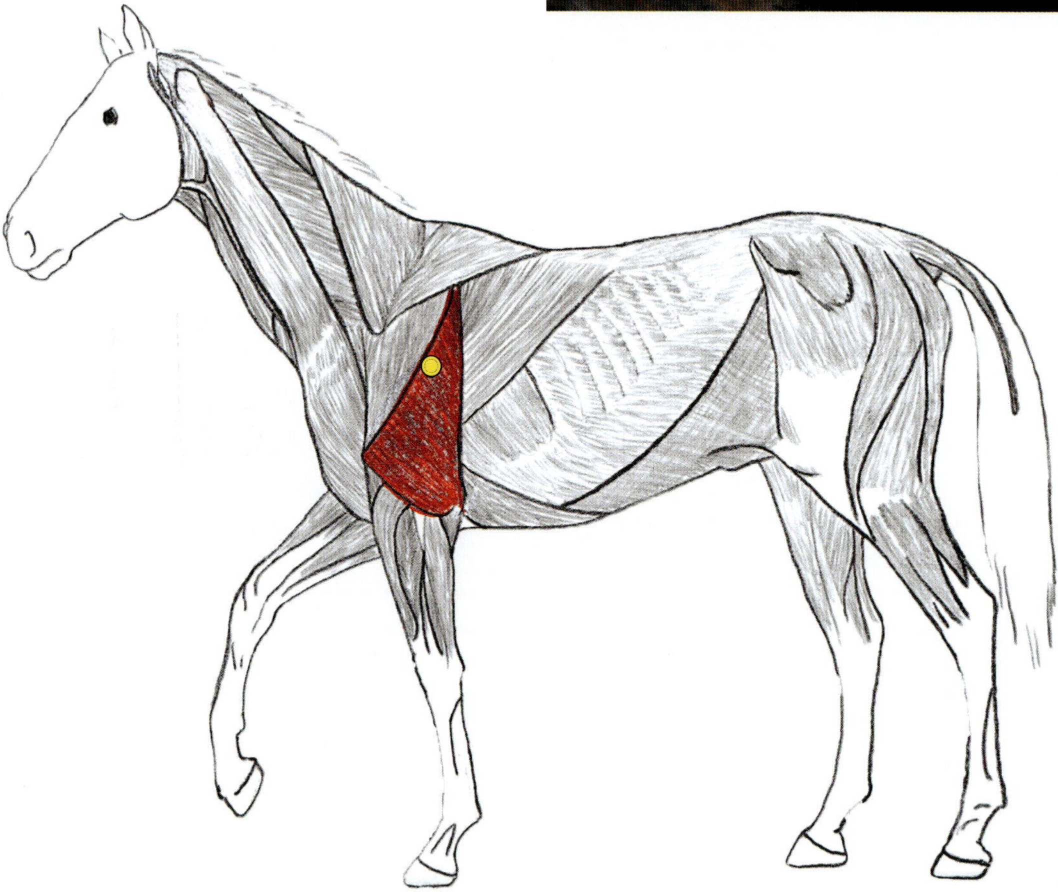

Lokalisation und Therapie

Der Punkt liegt etwa auf halber Höhe zwischen Buggelenk und Widerrist.
Bemerken Sie hier, wie auch an anderer Stelle dieses Muskel, Hautzittern, eine Abwehrreaktion oder knickt das Pferd regelrecht ein, haben Sie die Problemstelle entdeckt. Viele Pferde gestatten bei schwerer Verspannung eine direkt Behandlung nicht.
Um eine wirkungsvolle SPM durchzuführen, kann man sich helfen, indem man zunächst mit der geschlossenen Faust, und zwar der

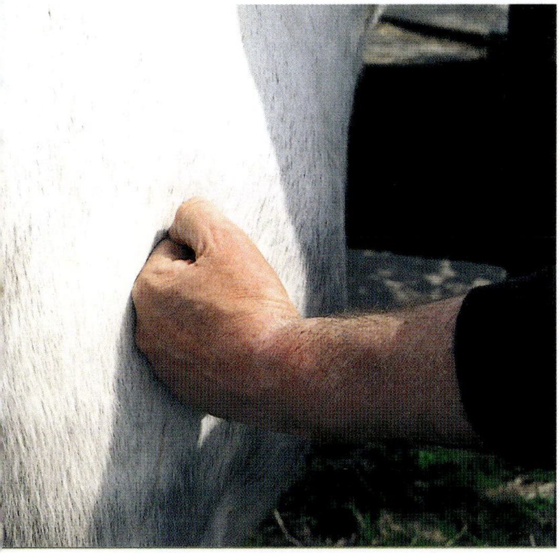

Behandlungsmöglichkeiten SP 10 mit der Fausttechnik.

geraden Fläche, wie auf dem Foto dargestellt, direkten rhythmischen Druck auf den ganzen Muskel ausübt. Zur Unterstützung der Faust kann mit der freien Hand das Handgelenk umfasst und dadurch der Druck verstärkt werden. Oft ist es hilfreich, wenn die Hand in die Nähe des **SP 10** kommt, den Daumen auf den empfindlichen Punkt zu setzen und mit steigendem Druck die SPM dort zu beginnen. Zeigt das Pferd Abwehr, den Druck zurücknehmen.

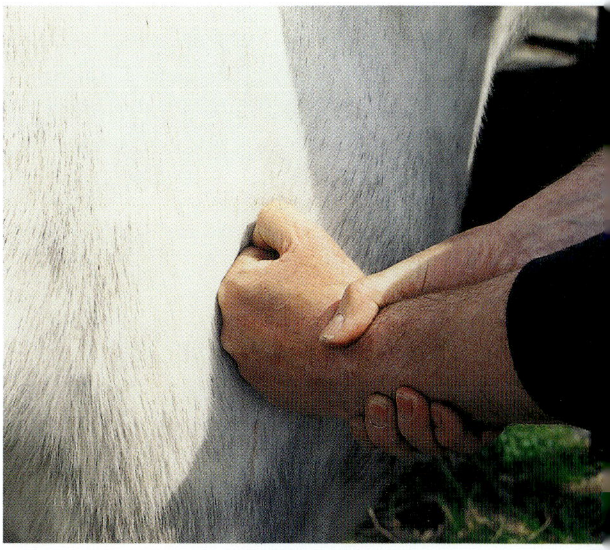

Weitere Behandlungsmöglichkeiten des SP 10: Fausttechnik (unterstützte Faust) ...

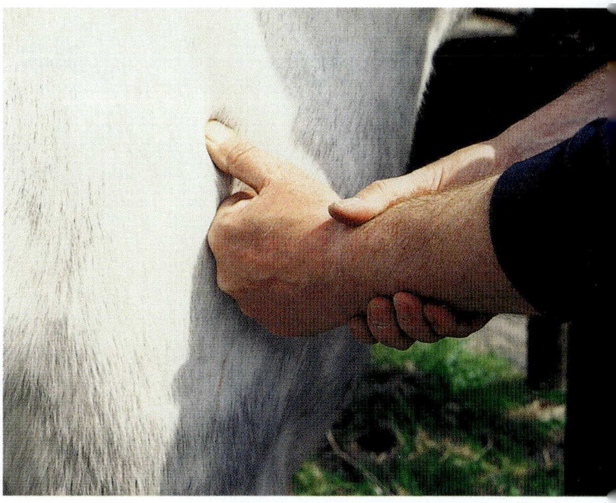

... Fausttechnik (unterstützte Faust) mit Daumen.

Zusammenfassung

In der Region des **SP 10** fühlt sich der Muskel meist weich an. Trotzdem ist er nicht selten stark verspannt. Deshalb die Behandlung wie oben beschrieben und einschleichend die Querfriktion anwenden. Wie auf den Fotos zu sehen, beginnen Sie mit der Querfriktion über den gesamten Muskel von unten nach oben

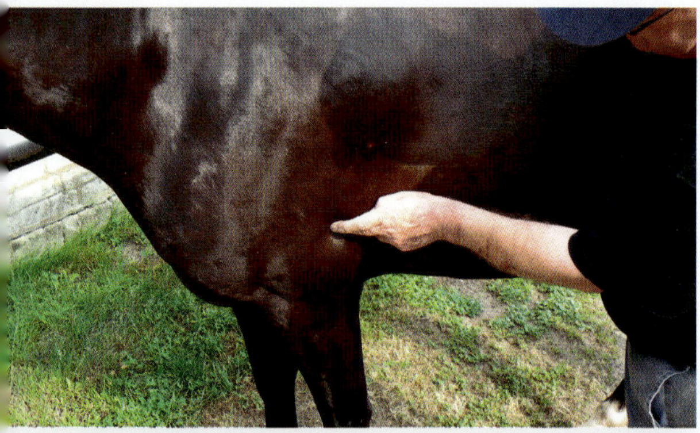
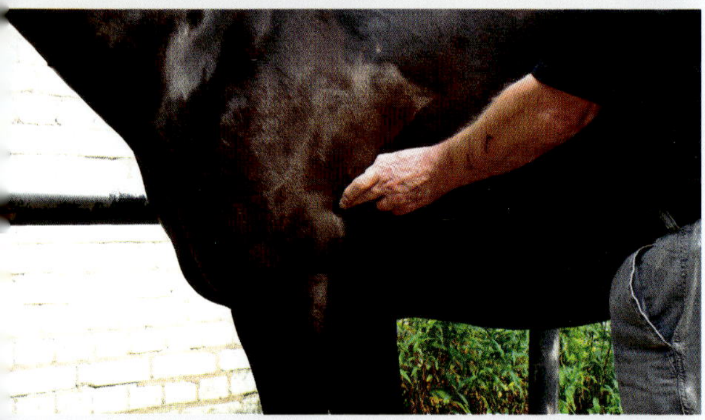
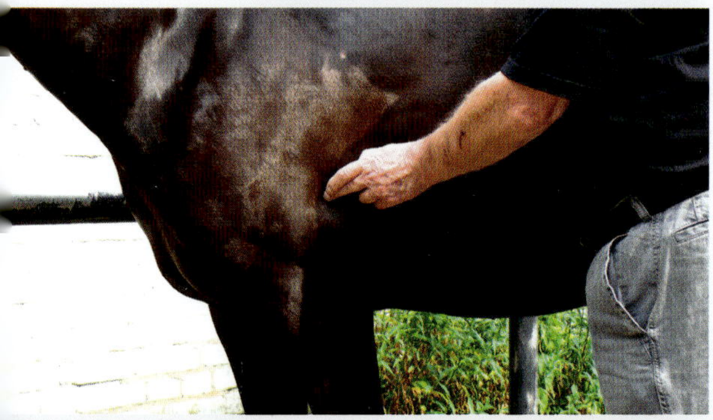
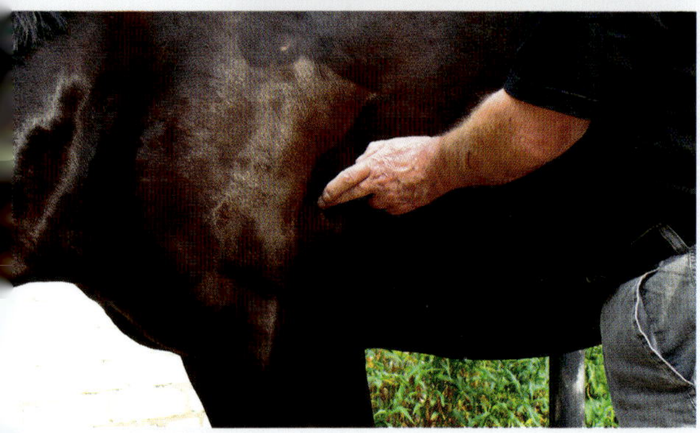

und umgekehrt. Wählen Sie ihre Arbeitsposition so, dass sie möglichst den gestreckten Arm nutzen und so Ihr Körpergewicht zur Behandlung mit einsetzen.
Durch dieses Vorgehen lassen die meisten Pferde dann eine gezielte Behandlung zu.

Weitere Maßnahmen

Sollte sich die oben angesprochene eventuelle Taktunreinheit oder gar Lahmheit nach der ersten Behandlung nicht deutlich bessern, ist das Pferd, wenn nicht schon vorher geschehen, unbedingt einem Fachmann vorzustellen, um andere Verletzungen oder Schäden auszuschließen.
Liegt dann kein Befund vor, sollte das Pferd zügig vorwärts bewegt werden. Wenn das Gelände es zulässt, ist es sehr empfehlenswert, mit ihm bergauf zu reiten.
Im Laufe des Trainings können auch wieder Trabverstärkungen eingebaut werden.

Dehnungen

Die Dehnung dieses Muskels kann, wie bei den meisten Muskeln der Vorhand, durch Pro- und Retraktion des Vorderbeines, Anheben und Bewegen der Schulter, ihre Arbeit sinnvoll unterstützen.

Spring-, Distanz-, Vielseitigkeitspferde und, wie kann man es anders erwarten, die Fahrpferde, sind hier oft behandlungsbedürftig.

SP11

SP 11 M. triceps brachii

(unteres Ende)

Aufgabe

Dieser Muskel fixiert das Ellbogengelenk und wirkt als Strecker.

Probleme

Durch die Verspannung ist die Bewegungsfreiheit des Gelenkes vermindert. Das Pferd vermeidet es, in den richtigen Galopp zu springen; dies gilt besonders nach der Landung am Sprung. Die Schrittlänge scheint, wie bei **SP 9**, verkürzt.

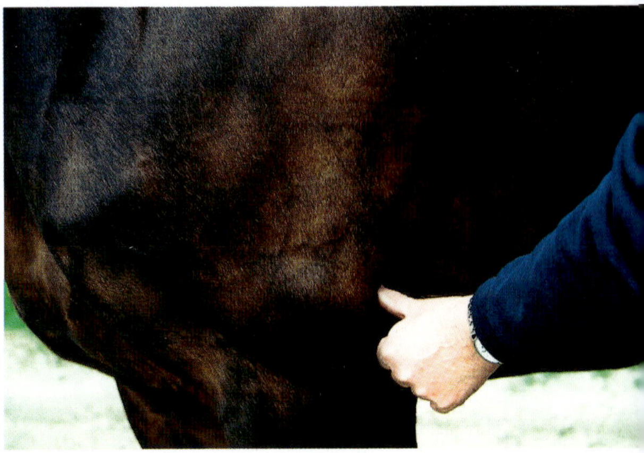

Lokalisation und Therapie

Dieser Punkt befindet sich an der äußeren Seite des Ellenbogens. Manchmal ist dort ein kleiner Knoten zu finden. Ganz sicher haben Sie die richtige Stelle gefunden, wenn Sie

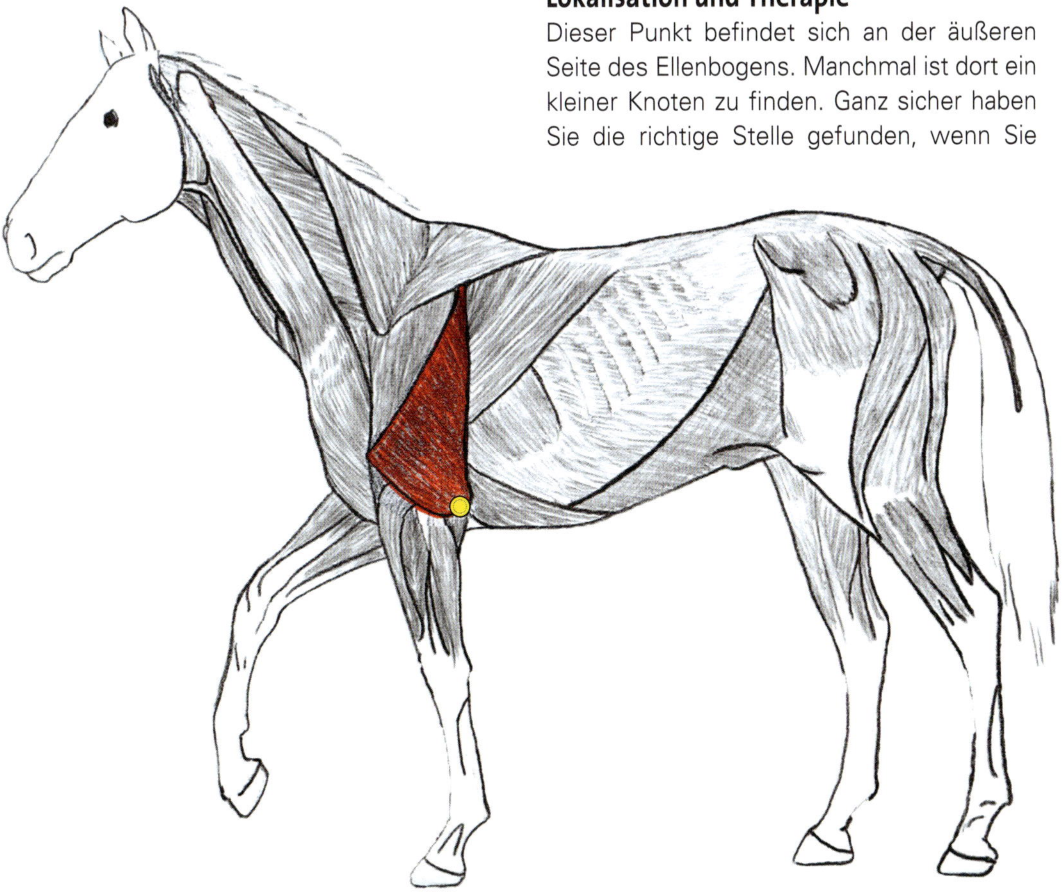

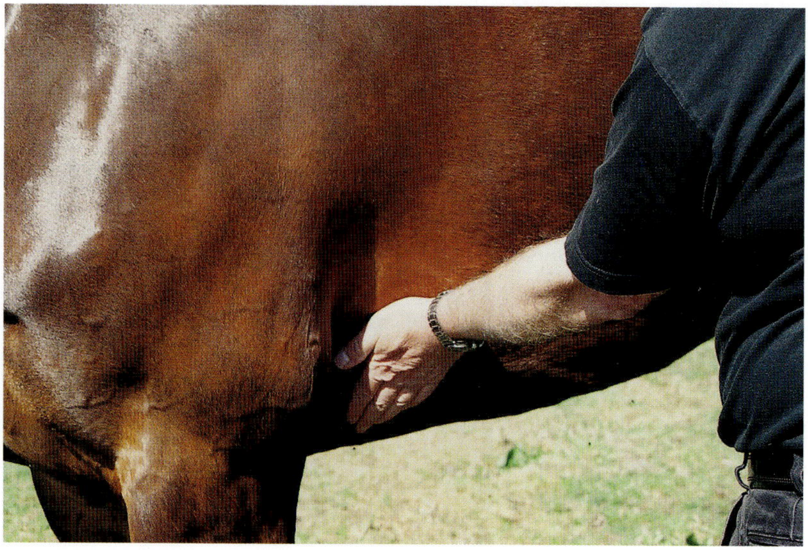

Flächiges Reiben der Gurtlage mit der Hand.

den. Sie sollten die Stelle mit der stärksten Abwehr punktuell massieren und dabei den Druck erhöhen. Über den gesamten Verlauf von hinten nach vorne und umgekehrt den Muskel quer zur Faser bearbeiten.
Der beschriebene Hautreflex ist aber normal und kann nur für kurze Zeit durch die beschriebenen Maßnahmen reduziert werden. Wenn sich das Pferd beim Angurten wehrt, ist der Gurtlage besondere Aufmerksamkeit zu widmen.
Oberhalb des Muskels, in der Gurtlage, wird man durch einen Hautreflex ebenfalls Hautzittern auslösen können. Reiben Sie diese Region mit der flachen Hand aufwärts und abwärts. Danach verschwindet meist dieses Zittern. Wenn sich nichts verändert hat, sollte der Brustmuskel in diesem Gebiet vermehrt mit steigendem Druck und Reiben quer zur Faser massiert werden.

Mit dieser Methode wird man Pferden mit sogenanntem Gurtzwang häufiger als man vermutet helfen können.

Weitere Maßnahmen

Nach der Behandlung ist das Pferd zügig zu bewegen. Reiten Sie mit ihm wenn möglich im Trab und im Galopp bergauf.

Dehnungen

In der Kombination, Aufnahme des Vorderbeines und Protraktion nach vorne, sowie so genannte Abduktion, also Bewegen des aufgenommenen Beines vom Körper weg, lässt sich dieser Muskel sehr gut dehnen.

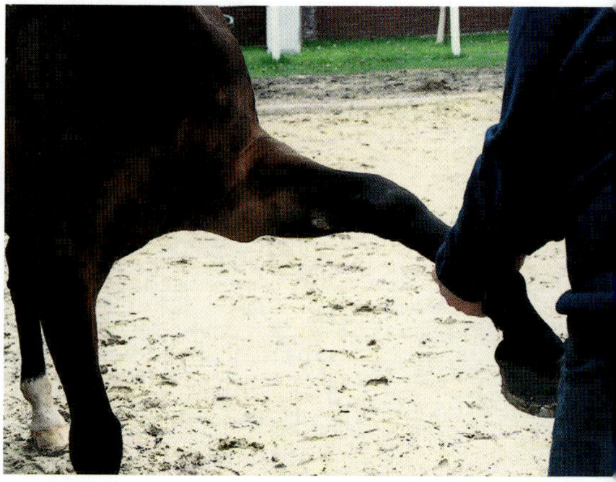

Abduktion.

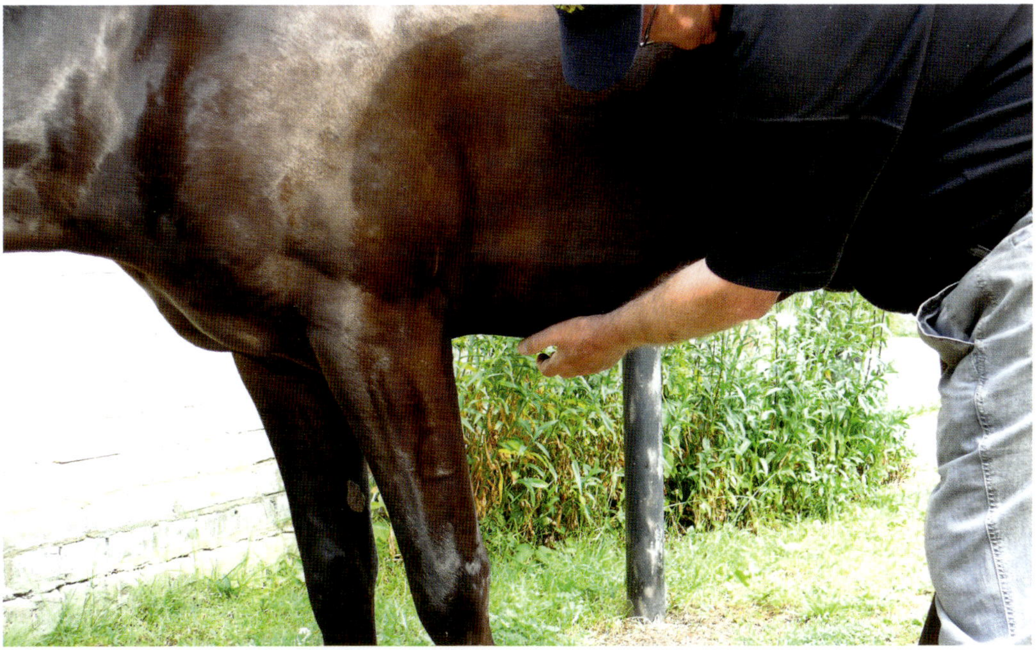

Querfriktion über den gesamten Muskel von vorne nach hinten und zurück reiben, wie hier gezeigt.

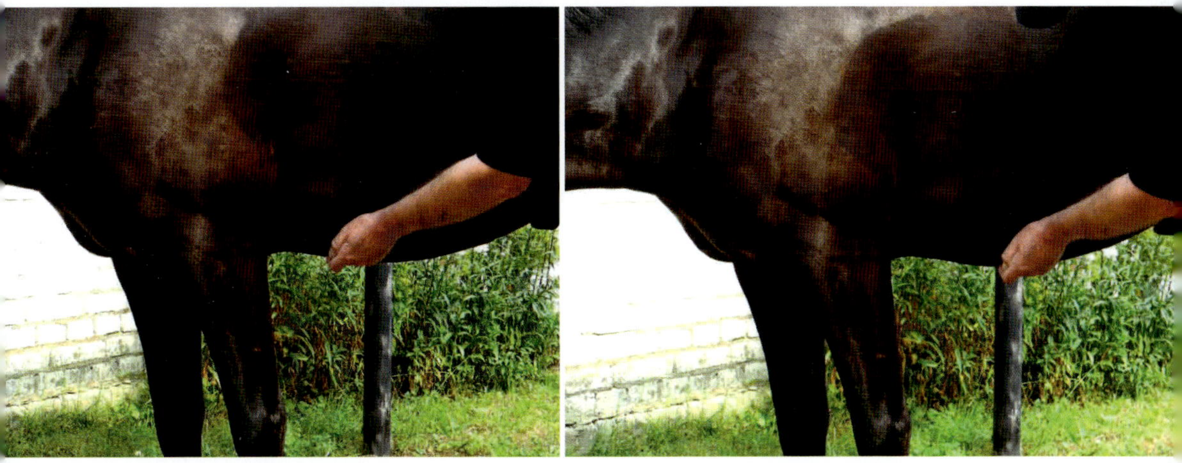

Querfriktion mit dem Mittelfinger.

Dieser Muskel ist fast bei allen Pferden belastet. Allerdings sind besonders Springpferde betroffen.

Zusammenfassung

Wenn auch, wie von J. Meagher vorgesehen, zunächst direkter Druck beschrieben wird, so hat es sich in der Praxis doch erwiesen, dass hier mehr flächiges Reiben und Querfriktion speziell mit dem Mittelfinger zum Einsatz kommen sollen. Auch rhythmisches Drücken ist hier nur eingeschränkt möglich.

SP 13 M. longissimus dorsi, Vorderansatz

(langer Rückenmuskel)

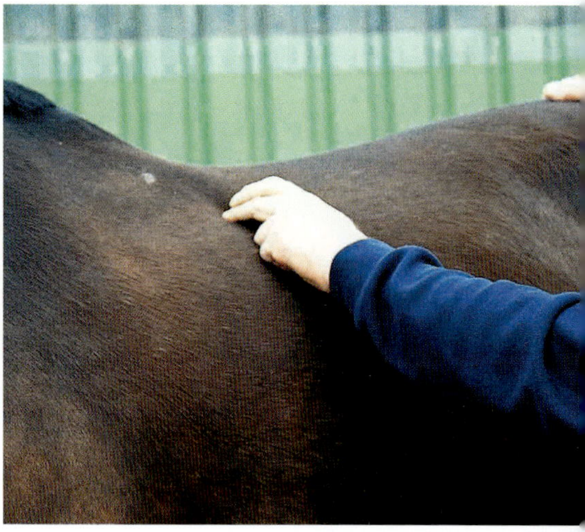

Aufgabe

Dieser Muskel ermöglicht die seitliche Biegung des Pferdes, streckt und biegt die Wirbelsäule.

Probleme

Ein schwingender, losgelassener Rücken ist bei Verspannungen dieses Muskels nicht möglich. Das Pferd hat Koordinationsprobleme. Fast immer sind beide Pferdeseiten betroffen, d.h. bei Erkennen einer Problematik auf der einen Seite ist mit Sicherheit davon auszugehen, dass auch die andere Seite des Muskels betroffen ist.

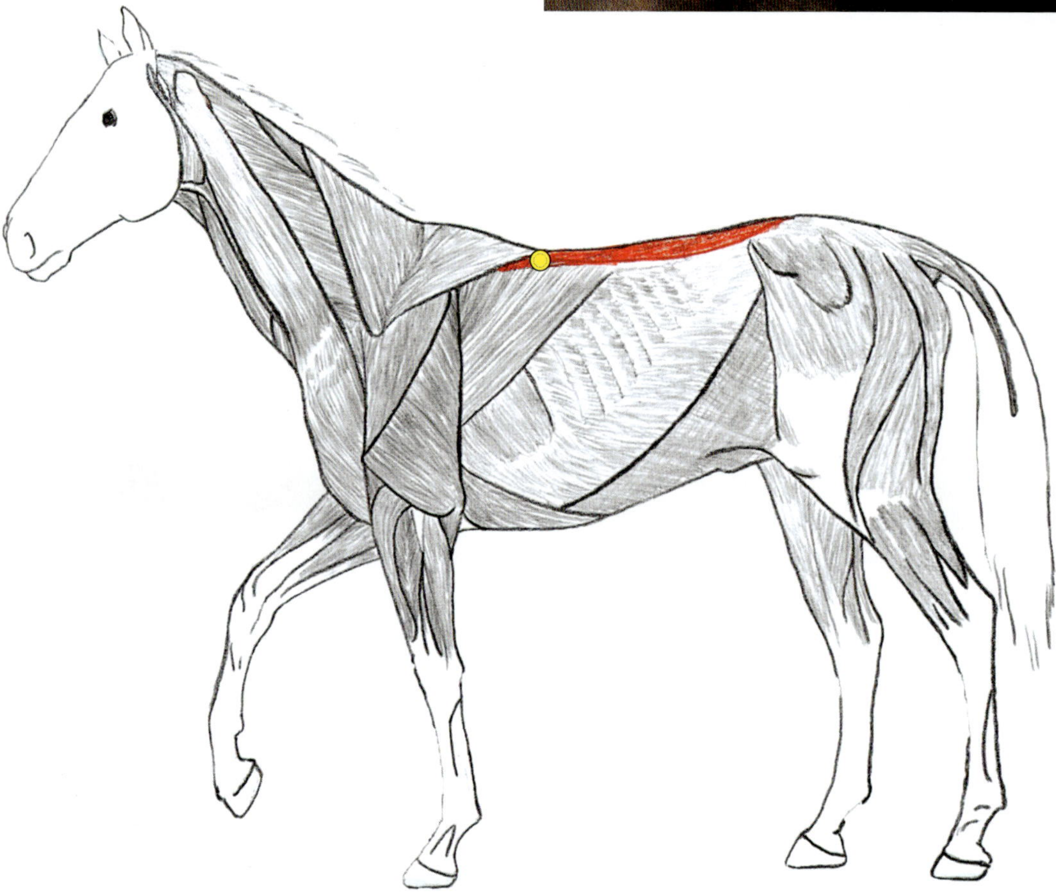

Ebenso ist zu erwarten, dass bei Druck auf diesen Punkt und entsprechender schmerzhafter Reaktion, wie Wegdrücken des Rückens, Zittern der Haut über die gesamte Seite des Pferdes, auch die Punkte 14 und 15 reagieren werden.

Lokalisation und Therapie

Der Vorderansatz des Longissimus dorsi liegt etwa 5–10 cm seitlich neben der Wirbelsäule, ziemlich genau vor dem hinteren Rand des Schulterblattes in der vorderen Sattellage. Bei kleinen Pferden und Ponys entsprechend weniger. Damit ist auch schon eine mögliche Ursache gefunden. Wenn der Sattel drückt, die Kammer zu eng ist und der Reiter vielleicht auch noch Probleme mit der eigenen Losgelassenheit hat, wird das Pferd immer an diesem Punkt mit heftigem Schmerz reagieren. Beginnen Sie die Therapie mit leichtem Druck und kleinen punktuellen Kreisungen. Verstärken Sie den Druck. Dies setzen Sie solange fort, wie das Pferd den Druck toleriert. Es ist manchmal erstaunlich, dass speziell an diesem Punkt nur durch anhaltenden Druck viele Pferde plötzlich anfangen zu kauen, abzuschnauben oder ihre Erleichterung auf eine andere Art äußern. Wenn dies erreicht wurde, bearbeiten Sie mit Daumen oder Mittelfinger quer reibend den gesamten Muskel in Richtung Kruppe.

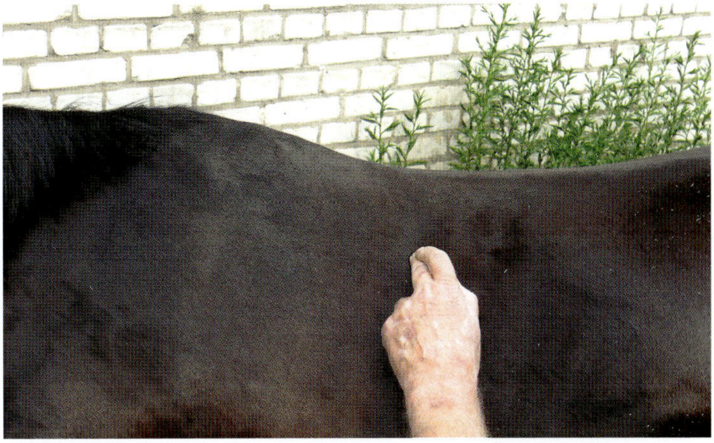

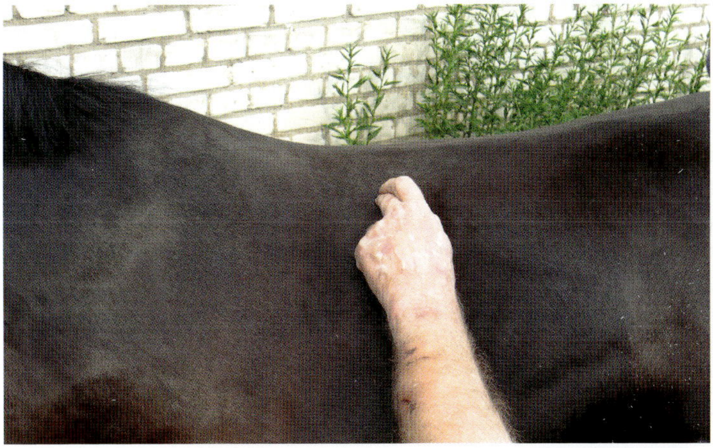

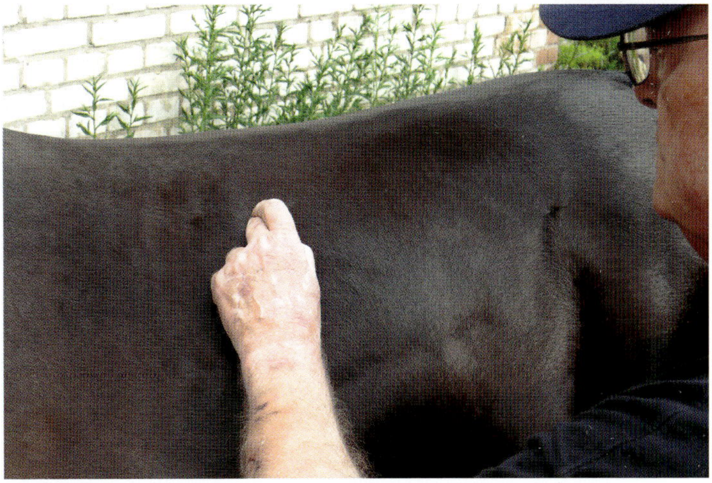

Querfriktion über den gesamten Muskel, der zum SP 13 gehört.

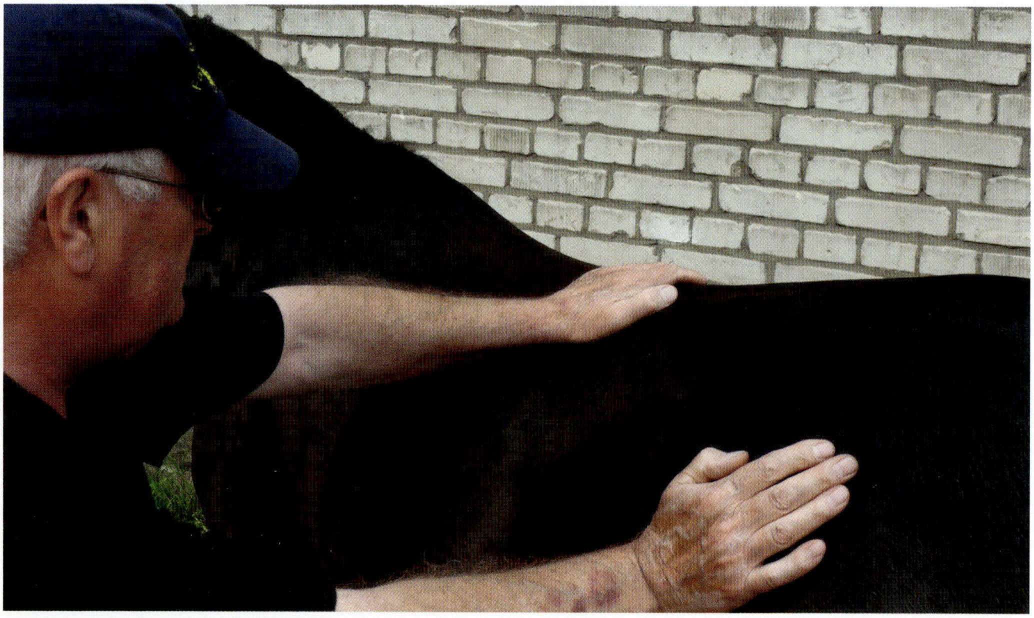

Dies ist die beste Behandlungsposition, um rhythmischen Druck über den Muskelverlauf auszuüben und sich gleichzeitig mit der Hand abzustützen.

Reagiert das Pferd zu heftig, nehmen Sie den Handballen und drücken den Muskel rhythmisch von vorne nach hinten und wieder zurück. Bei den meisten Pferden erfordert die Behandlung dieser Region mehrere Sitzungen im Abstand von 3–5 Tagen.

Weitere Maßnahmen

Wenn eventuell der Sattel die Ursache war, sollte hier zunächst das Problem beseitigt werden. Bei länger bestehenden Schwierigkeiten und schweren Fällen zunächst nur longieren oder führen. Wer die Arbeit mit der Doppellonge beherrscht, kann damit diesen Pferden sehr gut helfen. Bei richtig eingesetzter Doppellonge wird der jeweils außen liegende Körperteil gedehnt und damit auch der Longissimus. Bei wenig ausgeprägter Schmerzsymptomatik, kann das Pferd in allen drei Gangarten geritten werden.

Dehnung

Die behandelte Region lässt sich sehr effektiv durch Hautstimulation im Bereich des Brustbeines dehnen. Dazu greift man mit einer Hand an das Brustbein etwa in der Gurtlage und reizt diese Stelle mit der Fingerkuppe.

Arbeit mit der Doppellonge. Hier wird die optimale Längsbiegung ...

Erfahrene Therapeuten benutzen ein an der Spitze abgerundetes Stäbchen, den sogenannten proccessus xiphoideus. Das Pferd wird den Rücken aufwölben. Dabei erfolgt der gewünschte Dehneffekt.

An dieser Stelle ist Vorsicht geboten. Manche Pferde mögen diese Behandlung gar nicht und schlagen mit dem Hinterbein zur Hand des Behandlers. Mit entsprechendem Einfühlungsvermögen gelingt es aber meistens doch, diese Dehnung mehrfach zu wiederholen.
Gerade diese Arbeit ist besonders wertvoll, da auch die Brustwirbelsäule gleichzeitig mobilisiert wird. Die Dornfortsätze werden auseinandergebracht und die Bauchmuskulatur erfährt ein gewisses Training.

Eine weitere Möglichkeit hier effektvoll zu dehnen ist die schon beschriebene Nutzung der »Möhren-Technik«, die das Pferd veranlasst, den Kopf nach unten bis zwischen die Vorderbeine zu bewegen und dadurch ebenfalls den Longissimus dorsi zu dehnen. Eine Verspannung dieser Region kann bei allen Pferden vorkommen. Dabei ist es egal, welcher Zweck mit Reiten oder Fahren verfolgt wird.

... durch den gesamten Pferdekörper sichtbar.

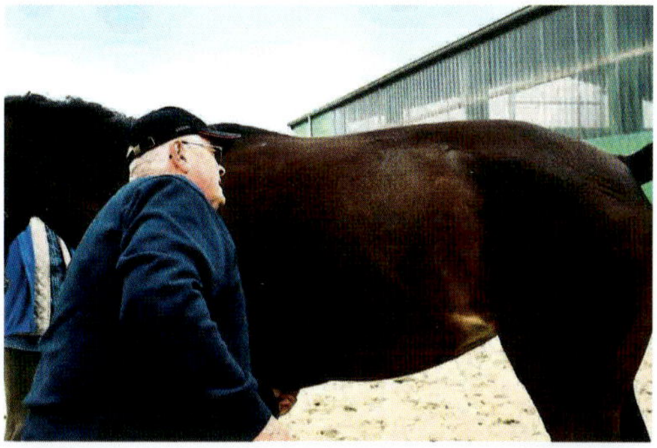

Zusammenfassung

Es gibt kaum ein Pferd, das in dieser Region nicht starke bis sehr starke Verspannungen zeigt. Manchmal findet man am eigentlichen Stresspunkt keine Reaktion, sondern erst im Verlauf des Muskels deckt man durch leicht beginnende Querfriktion ein Problem auf. Deshalb immer den gesamten Verlauf des Muskels testen, um dann wie beschrieben weiter zu behandeln.
Schon jetzt möchte ich darauf hinweisen, dass Sie bei der Untersuchung und Behandlung dieser Region und der kommenden Punkte ganz besonders auf Ihre Sicherheit achten müssen.
Auch wenn das zu behandelnde Pferd zu den eher ruhigen gehört, so wundert man sich immer wieder, wie plötzlich eine heftige Abwehr erfolgt, mit der man nicht gerechnet hat. Stützen Sie deshalb, wenn möglich, die freie Hand am Pferd ab, sodass Sie bei Abwehrreaktionen des Pferdes weggeschoben werden.

SP 14 M. longissimus costarum

(langer Rückenmuskel)

Aufgabe

Dieser Muskel ist dazu da, den Rumpf des Pferdes seitlich zu biegen

Probleme

Bei manchen Pferden ist Stellung noch möglich, aber Biegung, die durch den Rumpf geht, gelingt nicht.

Meist geht ein Krampf dieses Muskels mit Problemen der gesamten langen Rückenmuskulatur einher.

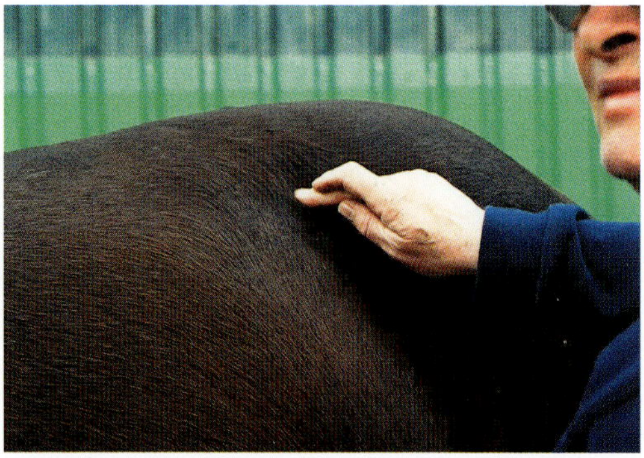

Lokalisation und Therapie

Zwischen der letzten Rippe und dem Hüfthöcker, fast 10 cm neben der Wirbelsäule bauchwärts bei normal großen Pferden, liegt dieser Punkt. Ich habe in vielen schweren Fällen hier eine regelrecht harte Kante gefunden. Wie bei den meisten anderen aktiven

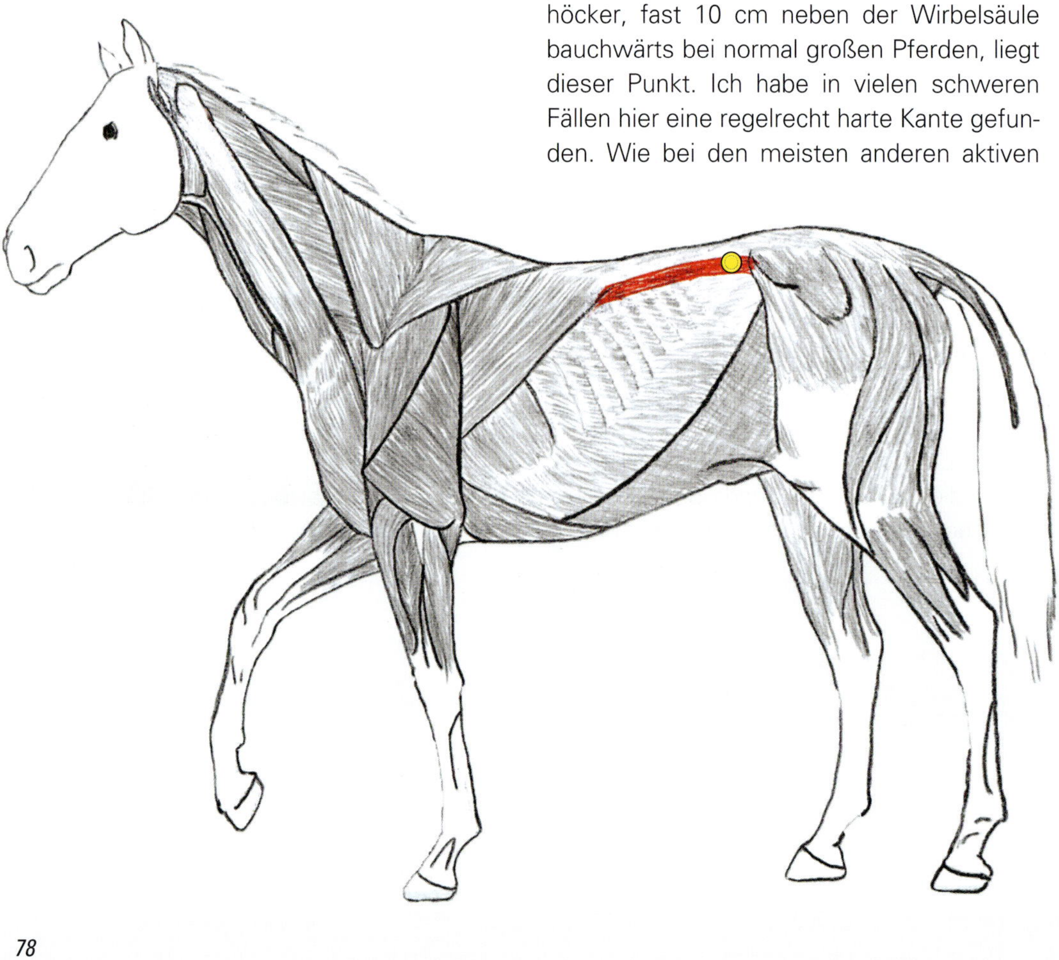

Stresspunkten wird das Pferd bei Druck ausweichen oder sich zusammenziehen.
Dieses Gebiet ist sehr empfindlich. Man muss mit großem Einfühlungsvermögen an die Arbeit gehen und mit leichtem Druck und durch Reiben quer zum Faserverlauf beginnen. Fängt das Pferd an, die Behandlung zu dulden, kann tiefer Druck die Arbeit verbessern. Auch hier ist der gesamte Muskel rhythmisch zu bearbeiten.

Im Allgemeinen wird man schnell Erfolg haben. In den oben geschilderten schweren Fällen können bis zu vier Behandlungen in jeweils 3–5 Tagen Abstand erforderlich sein. Erst wenn sich das gesamte Gebiet bei einem entspannten Pferd wieder weich anfühlt, kann das Training erneut aufgenommen und vor allem Wendungen von ihm verlangt werden.

Weitere Maßnahmen

Außer dem vorstehend genannten Training, einschließlich dem Reiten eines ruhigen Galopps, gibt es hier keine weiteren Notwendigkeiten.

Dehnung

Wie beim Longissimus dorsi ist hier die Seitwärtsbiegung von besonderem Nutzen.
Um die behandelte Seite zu dehnen, gehen Sie auf die gegenüberliegende Seite und treten neben das Pferd. Jetzt greifen Sie mit einer Hand, die Sie wie ein Widerlager benutzen, vor den Hüfthöcker etwa dort, wo der **SP 14** liegt. Reizen Sie mit der anderen Hand (bzw. Ihrem Finger) die Haut auf der gegenüberliegenden Seite, wie auf dem Foto zu erkennen.
Wenn sich das Pferd mit der Kruppe zu Ihnen hinbewegt, haben Sie die Dehnung richtig veranlasst.

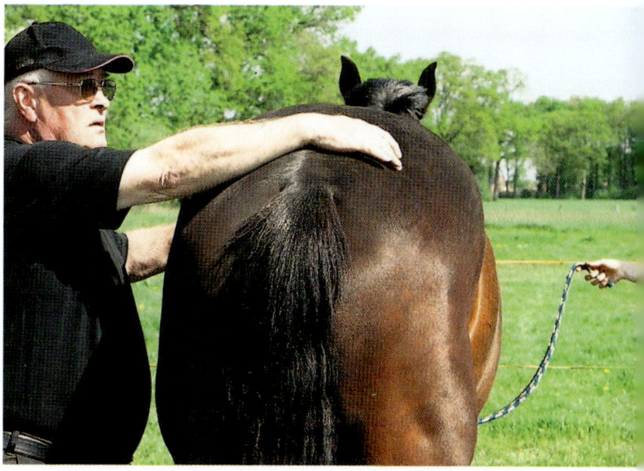

Dehnung der Kruppe in Richtung Behandler.

Eine zweite Methode, bei der Sie jedoch auf der zu dehnenden Seite stehen und durch entsprechende Reizung das Pferd veranlassen, sich von Ihnen wegzubewegen, ist gleichermaßen wirkungsvoll.

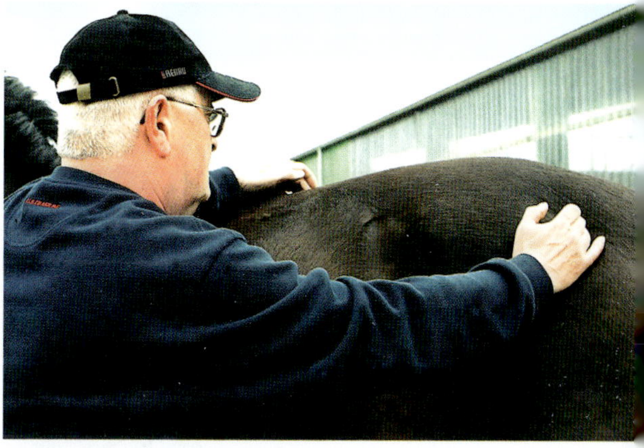

Dehnung weg vom Behandler.

Es gibt kaum eine pferdesportliche Disziplin, die bei Pferden keine Probleme in dieser Region auslösen kann. Besonders betroffen sind aber wenig trainierte Freizeitpferde, von denen plötzlich eine ungewohnte und besonders lange dauernde Leistung verlangt wird. Dazu gehören z.B. anstrengende Ritte im Herbst.

SP 15

SP 15 Übergang vom Longissimus dorsi zur Glutäalmuskulatur

(Rücken- und Kruppenmuskeln)

Aufgaben

Beide Muskeln bzw. Muskelgruppen liefern die Möglichkeit und die Hauptkraft für die gesamte Vorwärtsbewegung. Sie sind damit mehr als alle anderen Muskeln beansprucht und demnach auch besonders anfällig für jede Art von Verkrampfung.

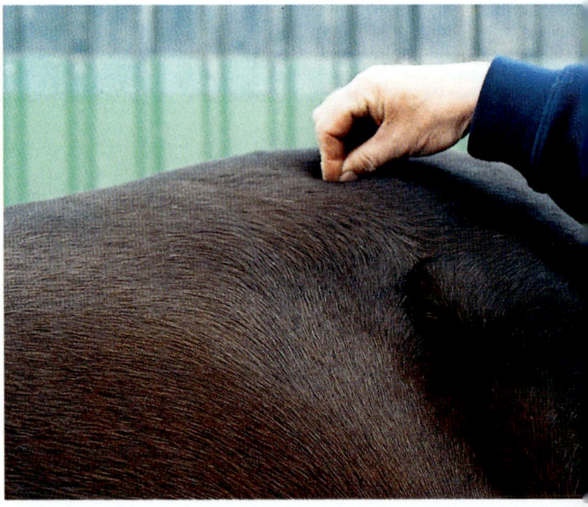

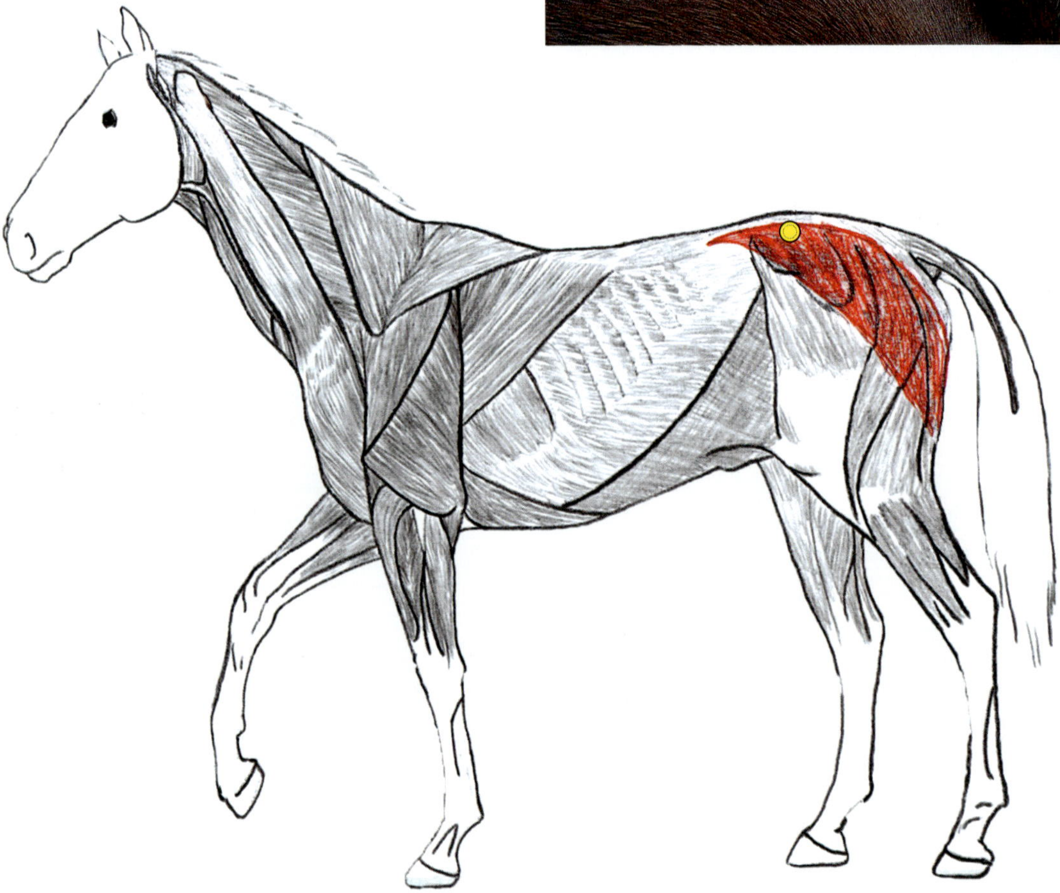

Probleme

Das betroffene Pferd wird unter Rückenschmerzen leiden, die muskuläre Ursache haben. Besonders auffälliges, häufiges Wälzen ist ein zu beachtender Hinweis auf Muskelschmerzen in dieser Region.

Lokalisation und Therapie

Als Orientierung kann die höchste Stelle der Kruppe dienen. Von dort, etwas vorwärts in Richtung Kopf gelegen, etwa 5 cm neben der Wirbelsäule, liegt das Zentrum von **SP 15**.
Wenn das Pferd bei Druck auf diesen Punkt die Kruppe senkt und regelrecht zusammensackt sind eine oder mehrere Behandlungen unerlässlich.

Prüfen Sie, welchen maximalen Druck das Pferd zulässt und halten diesen Druck solange es geht, jedoch nicht länger als fünf Minuten.

Intensivieren Sie diese Arbeit durch kreisende punktuelle Bewegung. Die gesamte Region (Kruppen- und Rückenmuskeln) sollte rhythmisch massiert und quer zur Faser reibend bearbeitet werden.

Weitere Maßnahmen

Wenn das Pferd gut auf die Behandlung angesprochen hat und keine Schmerzreaktion mehr zeigt, kann mit leichtem Training, besonders bergauf Reiten, Schritt am langen Zügel, sowie Trab und leichter Galopparbeit begonnen werden.
Bei schwerwiegender Problematik muss sich zunächst auf Schritt an der Longe, etwas Trab- und kurzer Galopparbeit beschränkt werden.

Dehnung

Diese Dehnung sollte mit besonderer Sorgfalt begonnen werden. Insbesondere die eigene Sicherheit muss absolut im Vordergrund stehen. Es versteht sich von selbst, dass das Pferd mit beruhigender Stimme angesprochen und vorbereitet wird.
Dies gilt besonders für Stuten, die auch zur Zucht eingesetzt werden und erst vor kurzem beim Hengst waren.

Unterlassen Sie in diesen Fällen unbedingt die nachstehend beschriebene Dehnung.

Die Stute will, durch diese Behandlung verursacht, möglicherweise den Hengst abschlagen. Die Folgen brauchen wohl nicht weiter beschrieben zu werden.

Mit dem größten Nutzen ist folgende Vorgehensweise verbunden.
Sie treten dicht hinter das Pferd, legen beide Hände auf die Kruppe und gleiten mit deutlichem Druck der Fingerkuppen nach seitwärts, abwärts. Dabei soll sich die gesamte Kruppe und teilweise auch die Lendenpartie aufwölben. Am Anfang wird dies vielleicht nicht so perfekt gelingen. Übung macht auch hier den Meister. Anzumerken ist bei dieser Dehnung, dass für den fachlich tätigen Therapeuten die Dehnfähigkeit der gesamten hinteren Rücken- und Kruppenpartie auch Rückschlüsse auf die Mobilität der betroffenen Gelenke zulässt. Außerdem können Fachtherapeuten, um effektiver zu arbeiten, statt der Finger, auch vorn abgerundete Holz- oder Metallstäbchen verwenden.

Dehnung der Kruppenmuskulatur auf beiden Seiten.

Eine Variante dieser Dehnung: Der Behandler stellt sich hinten seitlich neben das Pferd und reizt mit der Fingerkuppe den Muskelverlauf, wie auf dem Foto zu erkennen ist.
Diese Übung muss auf beiden Seiten durchgeführt werden.

Dehnung der Kruppenmuskulatur einseitig.

SP16

SP 16 M. biceps femoris

(zweiköpfiger Oberschenkelmuskel)

Aufgaben

Dieser Muskel hat vielfältige Aufgaben. Er streckt das Sprunggelenk und beugt das Knie des Pferdes. Außerdem werden Seitwärtsbewegungen ermöglicht.

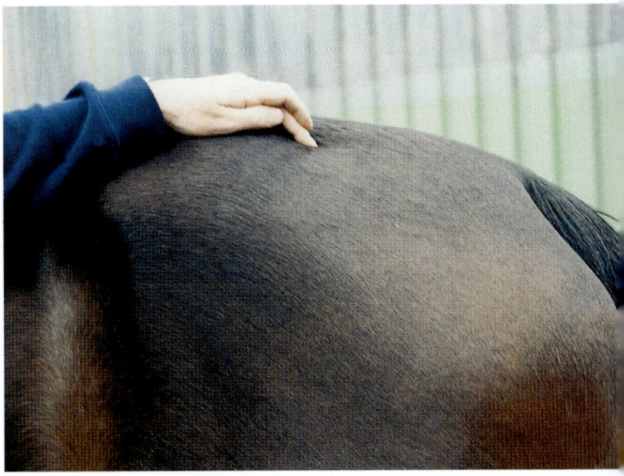

Probleme

Probleme ergeben sich schon aus den Aufgaben dieses Muskels. Manche Pferde können bei Belastung sowohl unter dem Reiter als auch im Gespann keinen oder sehr schlechten Schritt gehen. Wie die Reiter sagen: »Das Pferd zackelt dauernd an.«

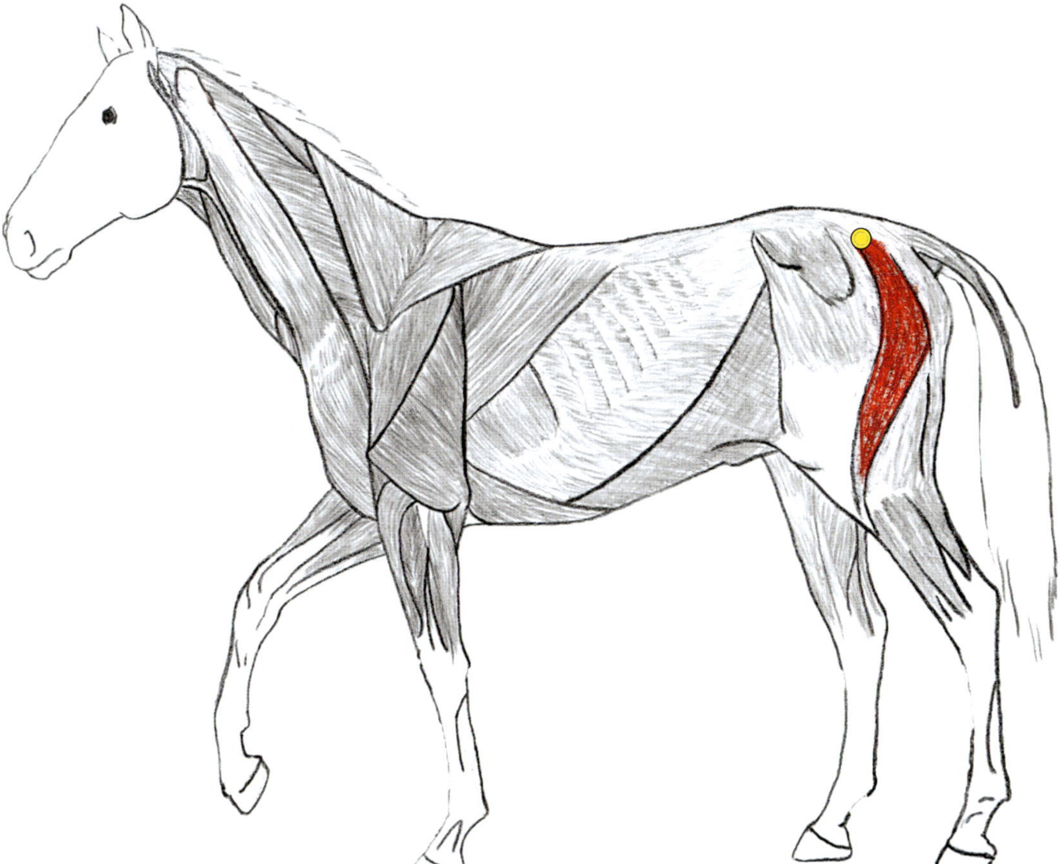

Die Schrittlänge ist teilweise extrem verkürzt, oft auch nur einseitig. Das Hinterbein wird regelrecht nachgezogen. In dem beschriebenen Muskel kann es zu kleinen Faserrissen oder auch Überdehnungen und Zerrungen kommen. Sofern dies bekannt ist oder auch nur vermutet wird, sollte unbedingt vor Beginn einer Stresspunktmassage ein Fachmann zu Rate gezogen werden.

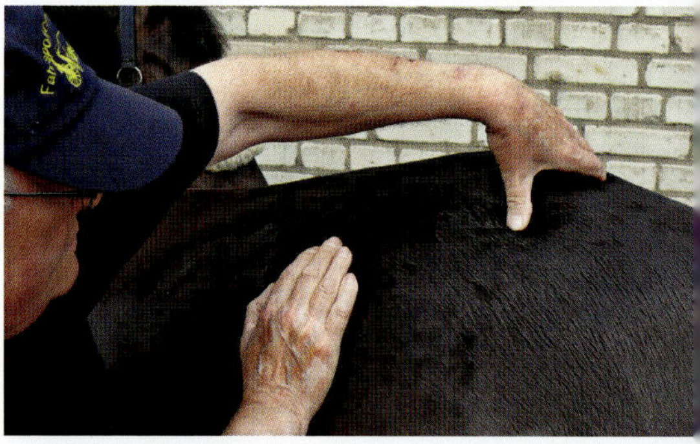

Lokalisation und Therapie

Etwa auf halber Strecke zwischen der höchsten Stelle der Kruppe und dem oberen Schweifansatz, ca. 5 cm neben der Wirbelsäule, liegt **SP 16**. Bei Druck in dieser Region wird das Pferd hinten einknicken, ausweichen oder auch nur die Kruppe senken. In beiden Fällen haben Sie eine starke Verspannung gefunden. An der Stelle, an der das Pferd am stärksten reagiert, bauen Sie Druck auf und halten ihn. Manchmal gelingt es alleine durch das Halten des Drucks, dass das Pferd keine Abwehr mehr zeigt und sogar das betroffene Hinterbein gelöst einknickt und die Behandlung regelrecht genießt. Bearbeiten Sie dem Muskelverlauf folgend in Richtung **SP 17** den gesamten Muskel rhythmisch mit der glatten Seite der Faust.

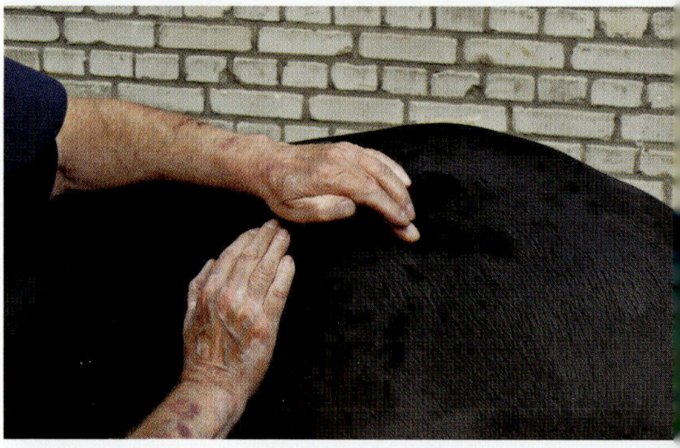

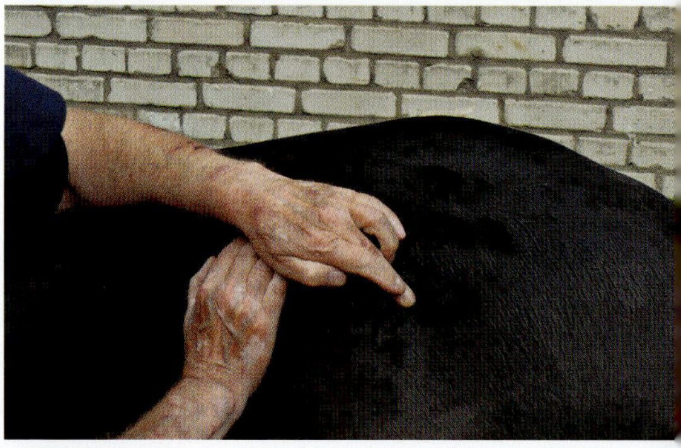

Hinweis

Sollte das Pferd bei Druck auf den beschriebenen Punkt den Schweif auffallend einklemmen, empfiehlt es sich, auf jeden Fall einen Fachmann zu Rate zu ziehen.

Weitere Maßnahmen

Werden an **SP 17** beschrieben.

Dehnung

Siehe **SP 17**;
Spring-, Gelände-, Fahr- und Dressurpferde haben erfahrungsgemäß an **SP 16** und **SP 17** häufig Probleme.

Zusammenfassung

Die Fotos zeigen die bei diesem Muskel erforderliche Querfriktion und anschließend rhythmischen Druck.

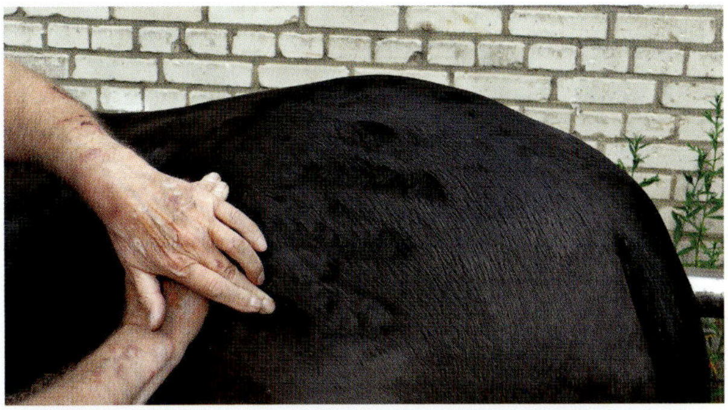

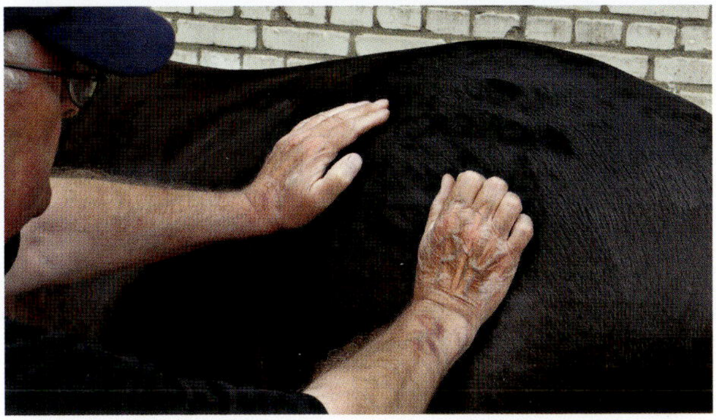

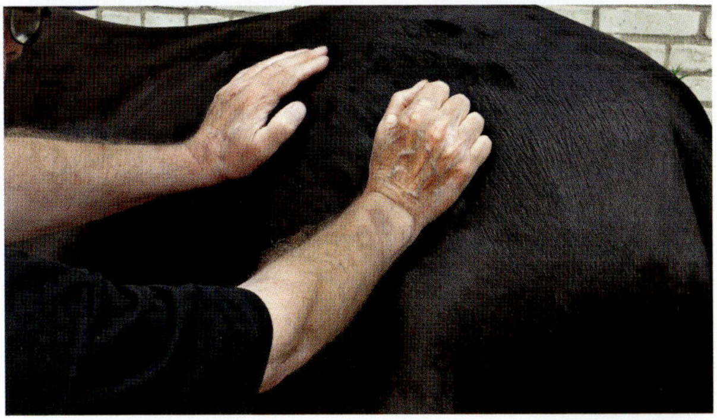

Noch intensiver wird der rhythmische Druck beim Einsatz beider Fäuste. Beobachten Sie dabei aber das Pferd sehr genau und nehmen den Druck zurück, wenn es erforderlich ist.

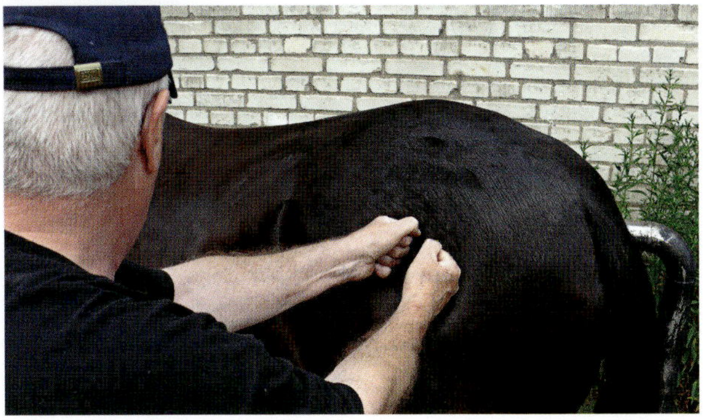

SP 17 Teilungsbereich (Bauch) des Biceps femoris

Aufgaben

Die beiden Muskelköpfe ermöglichen einerseits die Beugung des Kniegelenkes und andererseits die Beugung des Sprunggelenkes.

Probleme

Wie bei **SP 16** beschrieben.

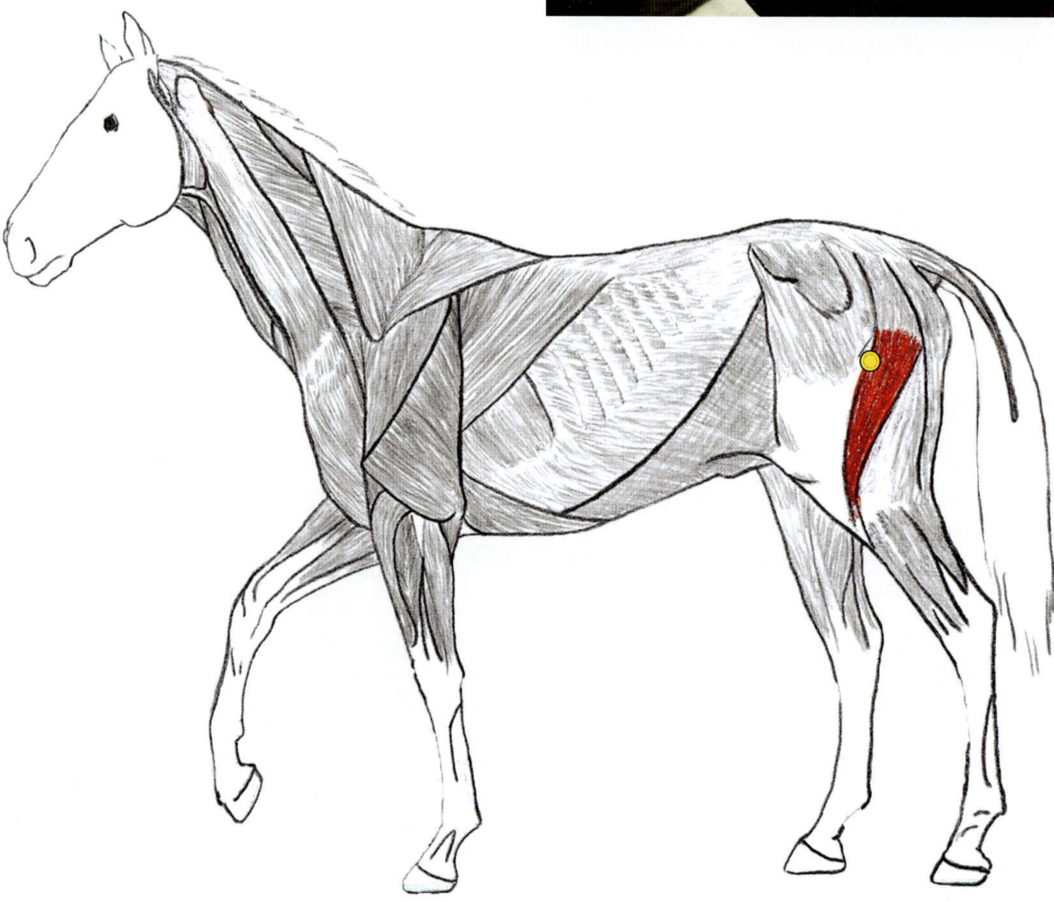

Lokalisation und Therapie

Wenn Sie den **SP 16** wie beschrieben bearbeitet haben, gleiten Sie in einem kleinen Bogen mit dem Mittelfinger in Richtung Unterschenkel. In einer Vertiefung etwas oberhalb der Kniehöhe finden Sie **SP 17**.

Da es sich hier eher nicht um einen direkten Stresspunkt handelt, sondern eher um einen Teilungsbereich des Biceps (zweiköpfiger Muskel), wird der Muskel an dieser Stelle weniger mit direktem Druck, sondern vielmehr

Großflächige Drückungen an SP 17.

mit der glatten Faustseite nach innen und zur Seite verschoben. Die Drückung sollte rhythmisch erfolgen. Gelingt es, den gesamten Muskel leichter zu verschieben und fühlt sich die Region weicher an als vorher, wird die Reaktion an **SP 16** auch weniger oder sogar verschwunden sein.

Dabei ist zu beachten, dass es sich bei **SP 17** nicht direkt um einen Reaktionspunkt handelt, bei dem Sie z.B. Hautzittern, Einknicken eines Beines oder Ähnliches auslösen können.

Weitere Maßnahmen

Sofern die Verspannung durch die beschriebenen Maßnahmen behoben sind, kann mit dem Pferd wieder normal gearbeitet werden.

Dehnung

Diese Muskelpartie lässt sich effektvoll dehnen, indem man das betroffene Hinterbein aufnimmt und in Richtung gleichseitigem Vorderbein nach vorne bewegt. Auch hier gilt: nicht gegen einen möglichen Widerstand des Pferdes arbeiten. Nehmen Sie also das Bein an, warten Sie, bis das Pferd locker lässt und dehnen Sie dann langsam steigernd weiter. Diese Dehnung ist ca. 30 Sekunden zu halten. Wenn die Zeit um ist, stellen Sie das Hinterbein langsam wieder auf den Boden. Keinesfalls das Bein einfach fallen lassen.

Wie bei allen Dehnungen sollten Sie Ihre Position so wählen, dass Ihr Rücken keinen Schaden nimmt. Die Beine werden soweit wie möglich gespreizt, um den Rücken so gerade wie möglich zu halten.

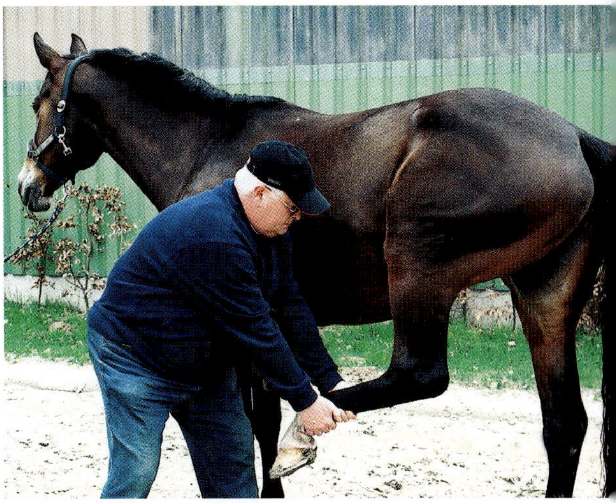

Dehnung SP 16 und 17 durch Protraktion.

SP 18 M. gastrocnemius

(Wadenmuskel)

Aufgabe

Unterstützt die Beugung des Kniegelenkes und streckt das Sprunggelenk.

Probleme

Das Pferd kann nicht gut stehen, die Streckung des Kniegelenkes ist eingeschränkt. Beide betroffenen Gelenke, also Knie- und Sprunggelenk, sind in ihrer Bewegung eingeschränkt.

Hat man z.B. bei der Untersuchung des Kniegelenkes ein Problem gefunden, sollte man auch immer an **SP 18** denken und dort nach einer Verspannung suchen.

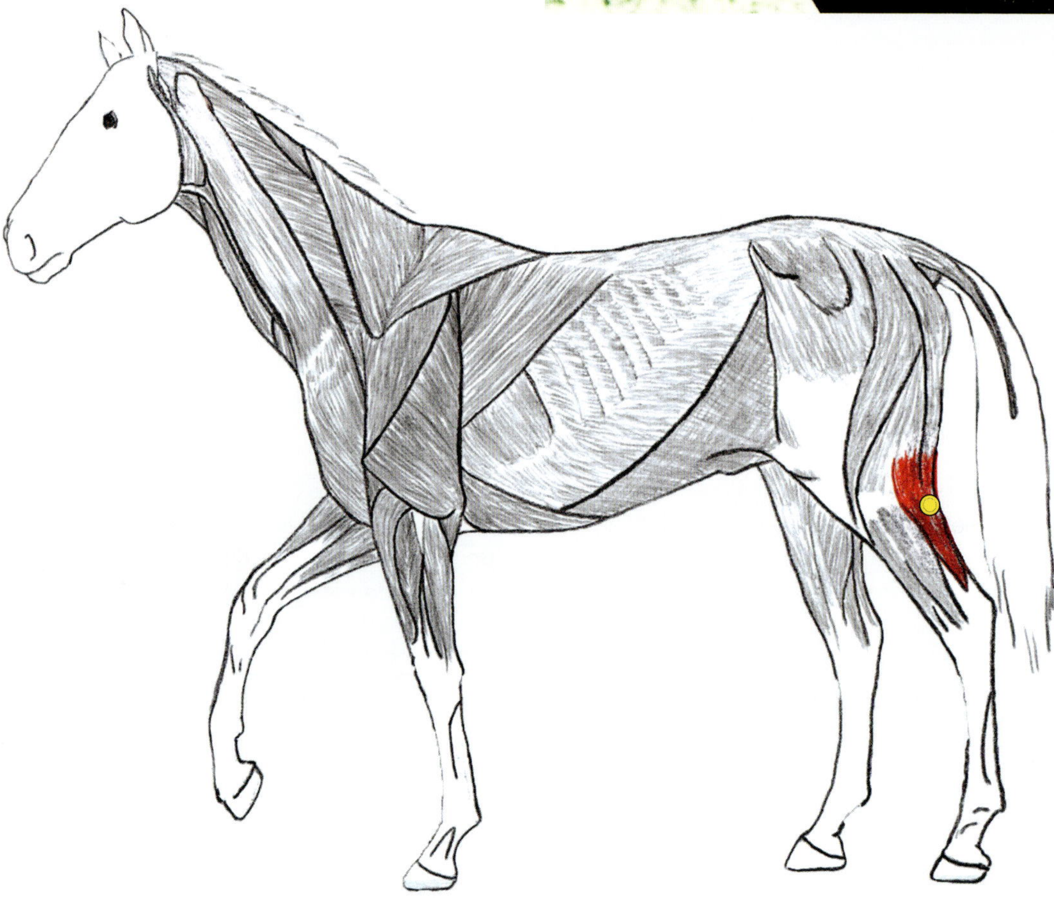

Lokalisation und Therapie

Vom Sprunggelenk aufwärts gehend kommt man vor dem unteren Ende von Semitendinosus an eine Vertiefung. Dort ist ein sehr stark sehniges Gebiet anzutreffen. Sollte das Pferd das Bein bei mäßigem, eventuell zunehmendem Druck anheben oder auch zur Seite treten, ist eine Stresspunktmassage sicher nötig.

Dieser Punkt ist schwierig zu behandeln, weil das Gewebe stark sehnig durchsetzt und nicht sehr leicht zu bewegen ist. Hinzu kommt noch die hier deutlich wirksame Haltefunktion der Muskulatur, insbesondere wenn die Untersuchung am stehenden und nicht am angewinkelten Pferdebein erfolgt.

Bei Problemen an **SP 18** ist tief wirkender Druck nötig, der aber nur kurzzeitig angewendet werden soll.

Der Muskelverlauf ist wie auf der Skizze zu sehen in Richtung **SP 17**. Dieser Bereich sollte anschließend mit rhythmischem Druck bearbeitet werden.

Wegen der stark sehnigen Art dieses Muskels und der damit verbundenen geringen Elastizität besteht die Gefahr häufiger Rückfälle.

Weitere Maßnahmen

Es sollte mit dem Pferd mindestens zwei Wochen lang und bis zu seiner völligen Genesung nicht mehr gesprungen werden. Bewegen Sie es in allen Gangarten nur leicht.

Dehnung

Stellen Sie sich auf die der Dehnung gegenüber liegenden Seite und ergreifen das zu dehnende Bein.

Dieses Bein nehmen Sie mit vorsichtigem Zug zu sich her und dehnen den Muskel durch Zug am Bein seitwärts, vorwärts in Richtung des unteren Bereiches des Vorderbeins.

Manchmal ist es nützlich, einen Helfer dabei zu haben, der das Pferd zunächst veranlasst, das betroffene Bein anzuheben. Es ist dann für den Ausführenden leichter, das angehobene Bein zu sich zu nehmen, um wie beschrieben weiter zu verfahren.

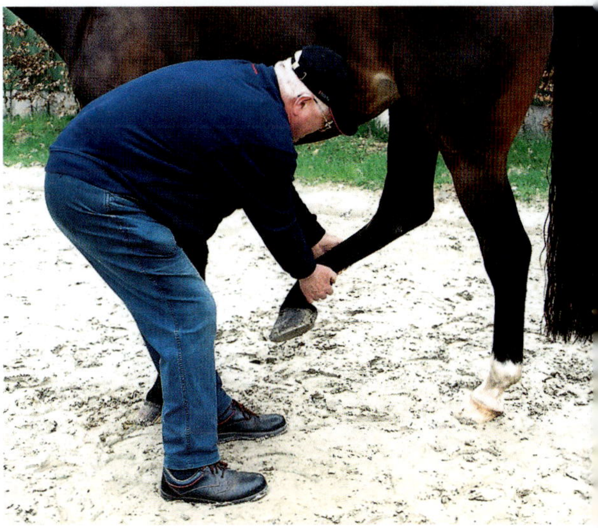

Aufheben und Führen des Beines in Richtung des gegenüberliegenden Vorderbeins.

Noch eine Anmerkung zu **SP 18**: In der Zeit, in der ich SPM einsetze, sind mir nur sehr wenige Fälle begegnet, bei denen dieser Muskel behandlungsbedürftig war. Fast immer waren Probleme am Knie Auslöser der Verspannung am Gastrocnemius.

Auffällig waren dann aber Spring-, Gelände-, Distanz- und Fahrpferde.

Bei Westernpferden, die im Reining eingesetzt werden, sind hier häufiger als bei allen anderen Probleme zu erwarten.

Da dieser Muskel beim stehenden Bein unter deutlich fühlbarer Spannung steht, ist an diesem Muskel weder Querfriktion noch rhythmischer Druck sinnvoll, ohne das Bein aufzuheben und dadurch eine Entspannung zu erreichen.

SP 19 M. semitendinosus

(Halbsehnenmuskel)

Aufgabe

Dieser Muskel unterstützt die Streckung von Hüft- und Sprunggelenk, beugt das Knie und dreht das Hinterbein einwärts.

Probleme

Bei länger bestehender Problematik kann hier manchmal bei geringer Mehrbelastung die Ursache für einen Schaden an der Fersenbeinsehne gefunden werden.

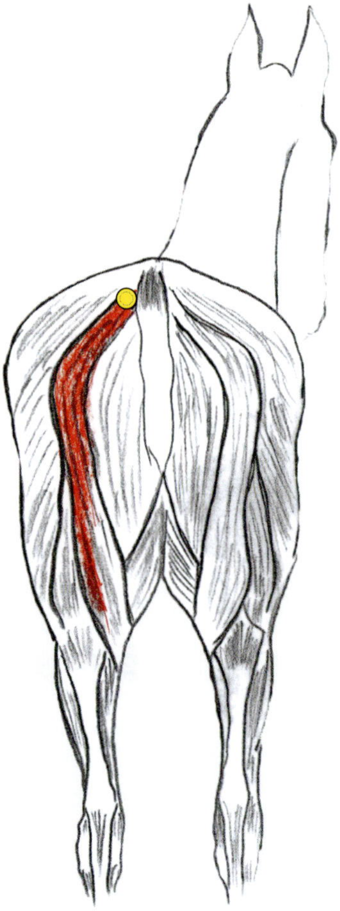

Ansonsten ist der Schritt verkürzt, er hat an Raumgriff verloren. Die Streckung des Kniegelenkes bereitet dem Pferd Unbehagen.

Lokalisation und Therapie

Der zu massierende Teil dieses Muskels liegt etwa auf Höhe des Schweifansatzes, etwas seitlich daneben. Wenn bei ansteigendem Druck das Pferd die Kruppe einzieht und versucht, dem Druck auszuweichen, ist die Verspannung sehr weit fortgeschritten.
Manchmal ist eine feste Linie im Muskelverlauf abwärts tastbar.

Sollte das Pferd mit Beginn der Massage dauerhaft Abwehr zeigen, empfiehlt sich eine tierärztliche Abklärung, ob nicht eine Zerrung oder ein Sehnenanriss vorliegt.
Sofern Sie sicher sind, dass das Pferd kein solches Problem hat, kann mit der beschriebenen Behandlung begonnen werden.

Der direkt anzuwendende Druck und das Reiben quer zum Faserverlauf richtet sich nach der oben beschriebenen Reaktion des Pferdes. Der gesamte Muskel ist relativ leicht mit Quermassage abwärts zu behandeln.
Auch wenn sich diese Region weich anfühlt, ist hier bei fast allen Pferden ein Problem zu finden.
Die Behandlungsdauer kann bis zu 15 Minuten betragen.

Weitere Maßnahmen

Wie bei **SP 20** beschrieben.

Dehnung

Diese Partie ist einfach zu dehnen, indem das betroffene Bein aufgehoben und nach vorwärts/aufwärts gedehnt wird. Nicht gegen einen eventuellen Widerstand ankämpfen und auch nicht federnd dehnen, sondern nur halten, wenn möglich 30 Sekunden.
Wichtig ist es auch hier, auf die Körperachse zu achten. Dies bedeutet, dass das betroffene Körperglied nur im Rahmen seiner natürlichen Bewegung gedehnt, also wie in diesem Fall nach vorne und nicht zur Seite gebracht wird.

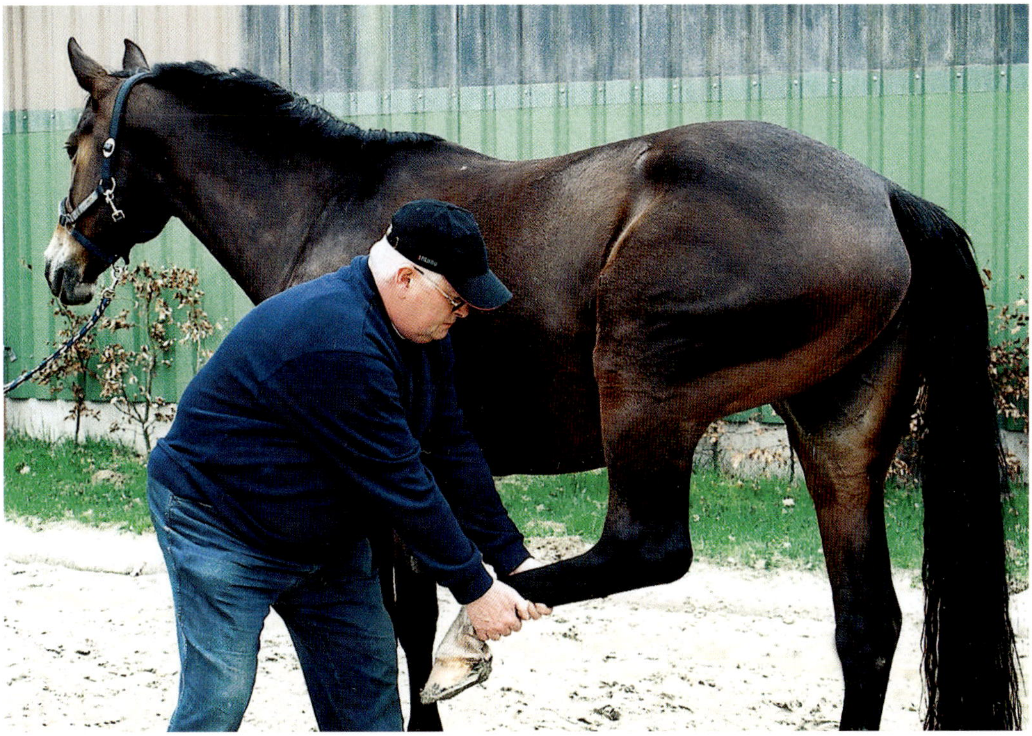

Dehnung der behandelten Hinterhand.

SP 20 M. semimembranosus

(halbhäutiger Muskel)

Aufgabe

Mit Hilfe dieses Muskels erfolgt das Eindrehen des Hinterbeines und die Streckung des Hüftgelenkes.

Probleme

Das Pferd tritt bei engen Wendungen nicht unter den Schwerpunkt, sondern weicht dem Schmerz nach außen aus. Die Schrittlänge ist verkürzt. Seitengänge gelingen nur schwer bis gar nicht.

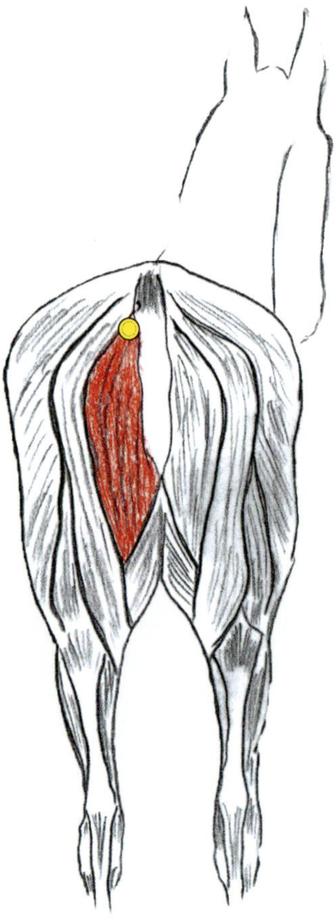

Das Pferd zeigt Unbehagen bei einer Streckung des Knies. Hier ist meist der Ausgangspunkt bei schweren Zerrungen oder Sehnenrissen am inneren Oberschenkel.

Lokalisation und Therapie

Etwas unterhalb von **SP 19,** mehr auswärts, etwa auf halber Strecke zwischen **SP 19** und dem Sitzbeinhöcker, finden Sie **SP 20**.
Bei mäßigem Druck auf diesen Punkt wird das Pferd das Hinterbein anspannen oder dem Druck ausweichen, wenn eine Verspannung besteht. Besteht dieser Zustand schon länger und ist er für das Tier sehr schmerzhaft, kommt es vor, dass es deutliche Abwehr mit dem Hinterbein zeigt (schlägt). Dies trifft auch bei **SP 19** zu.

Ein schief gehaltener Schweif ist manchmal durch Stresspunktmassage an SP 19 und 20 zu beseitigen.

Beginnen Sie mit leichtem, zunehmendem Druck – soweit, wie dieser Druck vom Pferd toleriert wird. Punktuelle Zirkelungen und anschließende Reibungen quer zur Faser über den gesamten Muskel in Richtung Sprunggelenk vervollständigen die Arbeit.

Weitere Maßnahmen

Wenn durch gesicherte Diagnose ein Schaden oder eine Zerrung ausgeschlossen ist, wird Bergaufreiten im Schritt oder auch nur Longieren auf großem Bogen die beste Möglichkeit sein, einen Rückfall zu vermeiden. Ansonsten sollten die Anforderungen an das Pferd nur allmählich gesteigert werden.

Dehnung

Entspricht der Dehnung von **SP 19**. Die Dehnung an **SP 20** kann auch noch durch Dehnung des Beines zur gegenüberliegenden Seite intensiviert werden. (Entspricht dem Vorgehen wie bei **SP 18** beschrieben.)
Die beiden Muskeln Semitendinosus und Semimembranosus zählen zu den so genannten Hamstrings.
Wir finden hier bei allen pferdesportlichen Disziplinen sehr häufig Verspannungen. Die Diagnose ist aber schwierig, da sich der Muskelverlauf selbst bei Reaktionen der betroffenen Stresspunkte fast immer weich anfühlt. Trotzdem ist die gesamte Region durch Reiben quer zum Faserverlauf zu massieren.

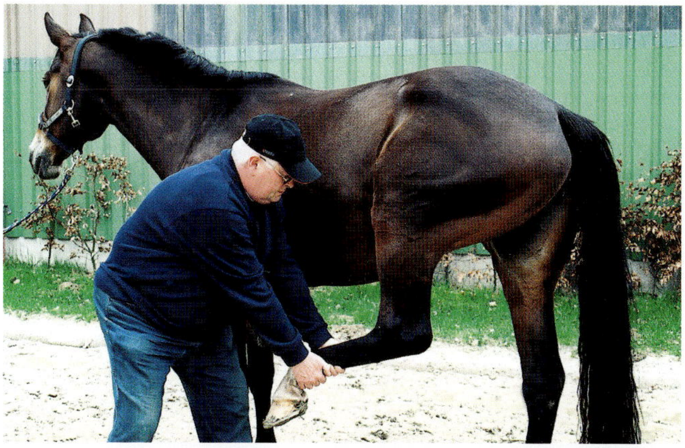

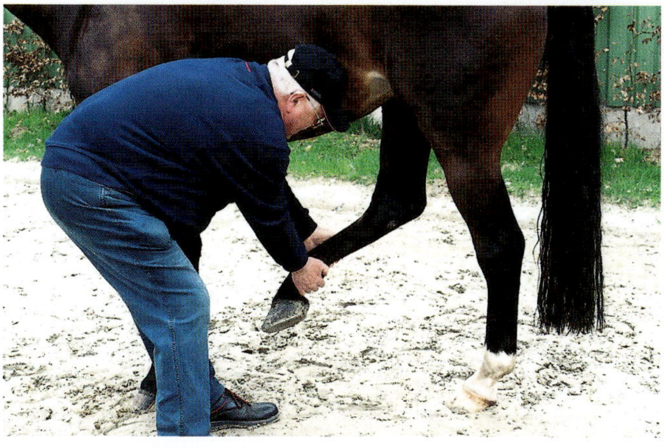

Manche Pferde reagieren an diesen Stellen mit plötzlicher heftiger Abwehr.
Also ist besondere Vorsicht geboten. Auch dann, wenn man meint, das eigene Pferd zu kennen, und solche Reaktionen bislang nicht vorgekommen sind.

Zusammenfassung

Bei Reaktionen an einem und/oder an beiden Punkten beginnen Sie am besten zuerst mit rhythmischem Druck.

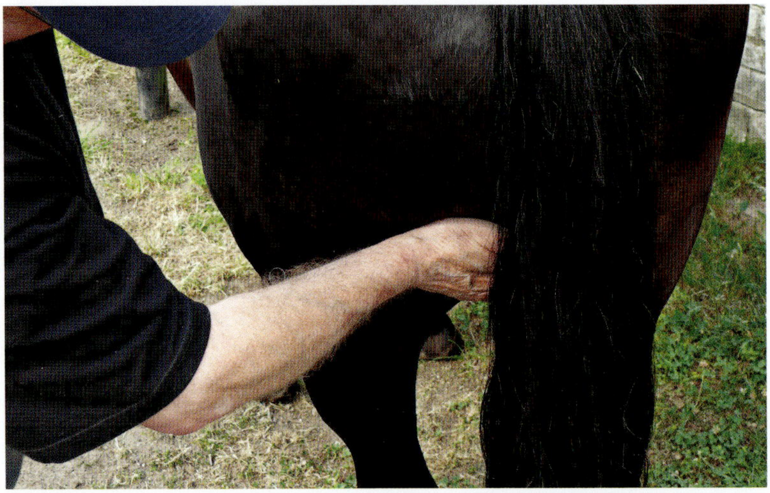

Gehen Sie dann zur Querfriktion über und arbeiten dabei immer großflächig bis weit in den inneren Teil des Hinterbeines.

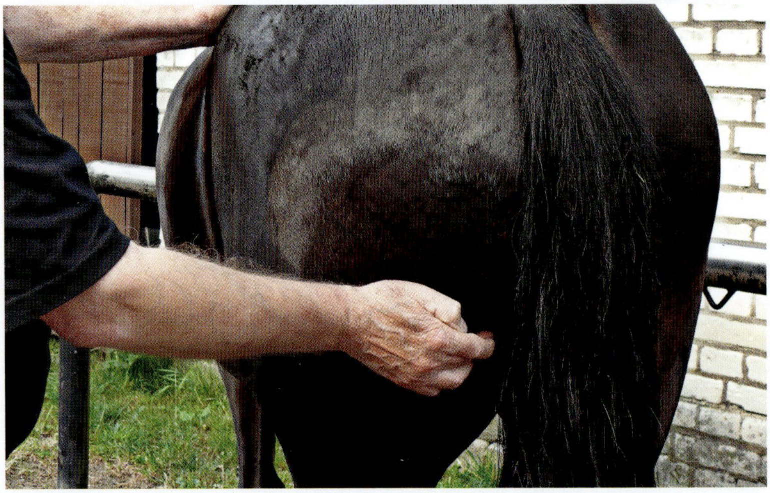

SP 21

SP 21 M. tensor fascie latae

(Spanner der Oberschenkelbinde)

Aufgabe

Dieser Muskel sorgt für die Streckung des Kniegelenkes und Beugen des Hüftgelenks.

Probleme

In der Vorwärtsbewegung wird das Bein nach außen geführt und Seitwärtsbewegungen sind eingeschränkt.

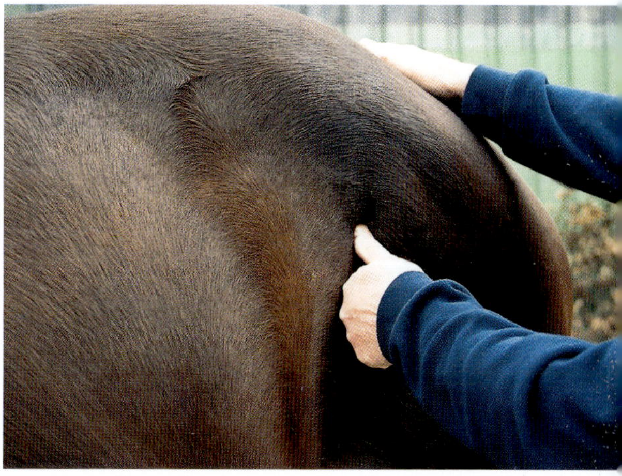

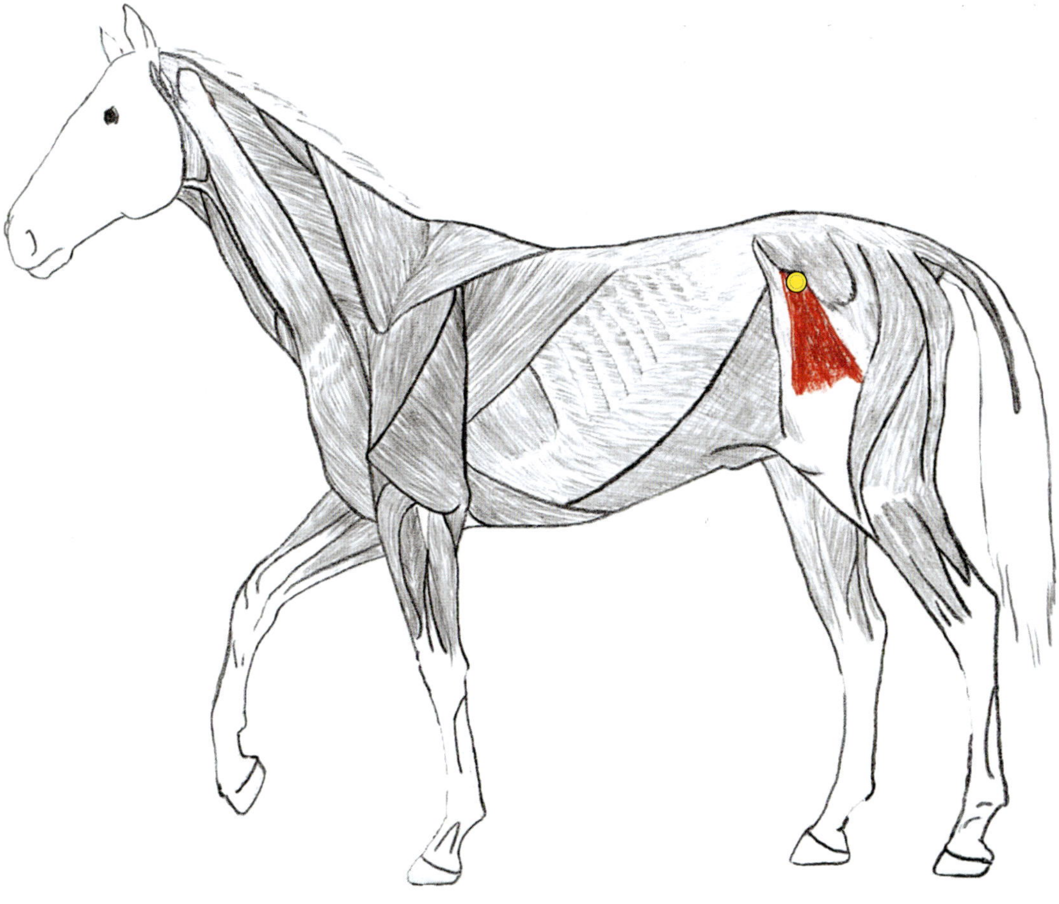

Hinweis

Sollte das Pferd auch nach einer Stresspunktbehandlung in dieser Region immer noch in der Vorwärtsbewegung nach außen treten oder einen Bogen mit dem Fuß beschreiben, sollten unbedingt weitere Untersuchungen der betroffenen Gelenke durch einen Fachmann erfolgen.

Lokalisation und Therapie

Der Stresspunkt liegt am unteren Ende des Hüfthöckers. Der erforderliche Druck erfolgt gegen den Hüfthöcker. Sollte das Pferd ausweichen, das Hinterbein anspannen oder zusammenzucken, ist dort eine meist länger dauernde Behandlung erforderlich (so lange, bis kaum mehr eine Reaktion erfolgt).

Den Druck immer bis zur Toleranzgrenze des Pferdes ausdehnen. Hier bildet der Hüfthöcker eine Art Widerlager, wodurch eine besonders effektive Therapie möglich ist. Während des Druckes sind leichte Zirkelungen auszuführen und es ist darauf zu achten, dass nicht nur die Haut bewegt wird.

Die nötigen Drückungen lassen sich bei diesem Muskel am besten mit der Vorderseite der geschlossenen Faust ausüben.

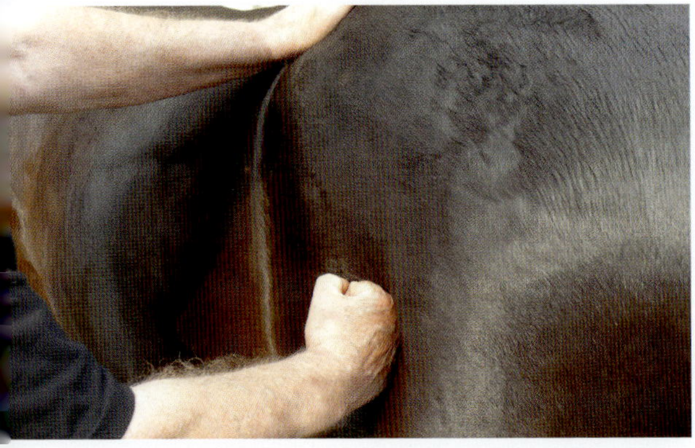

Die Behandlungsposition auch hier immer so wählen, dass Sie bei Abwehr vom Pferd weggeschoben werden.

Die meisten Pferde sprechen gut auf diese Behandlung an. Eine Wiederholung ist eventuell nach drei bis fünf Tagen nötig.

Weitere Maßnahmen

Wenn sich die Vorwärtsbewegung des Hinterbeines normalisiert hat, sollte zügig in allen Gangarten vorwärts geritten werden. Seitengänge und enge Wendungen müssen zunächst unterbleiben. Mit Westernpferden sollten keine Stopps oder Spins geritten werden.

Dehnung

Retraktion bei SP 21.

Eine der wenigen Notwendigkeiten, das Pferdebein nach hinten zu dehnen.

Dazu wird das betroffene Bein aufgenommen und langsam nach rückwärts-aufwärts gedehnt.

Eine Verbesserung kann noch erreicht werden, wenn das aufgehobene Bein leicht in die gegenüberliegende Richtung gebracht wird. Auch hier gilt: Nach Abschluss der Dehnung das Bein langsam auf den Boden zurückbringen und an den eigenen Rücken denken.

Bei Spring-, Gelände- und Distanzpferden und ganz besonders bei Gespann- und Westernpferden sind hier Verspannungen zu erwarten.

SP22

SP 22 M. iliacus

(Darmbeinmuskel)

Aufgabe
Dieser Muskel dreht den Oberschenkel auswärts und beugt das Hüftgelenk.

Probleme
Bei engen Wendungen und manchmal regelrechtem Einknicken des Hinterbeines erscheint eine Verspannung oft als Rückenproblem oder Lahmheit der Hinterhand.

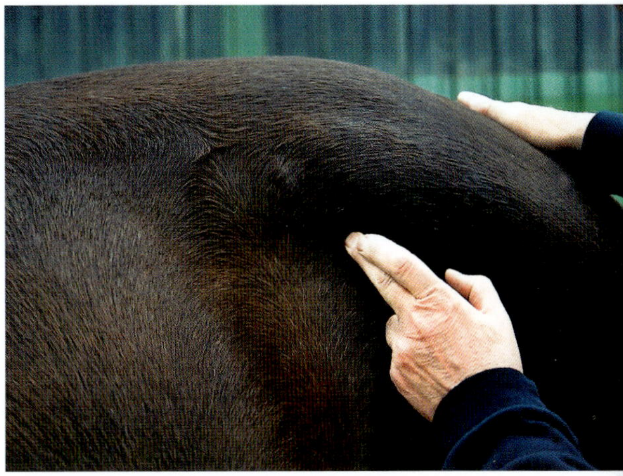

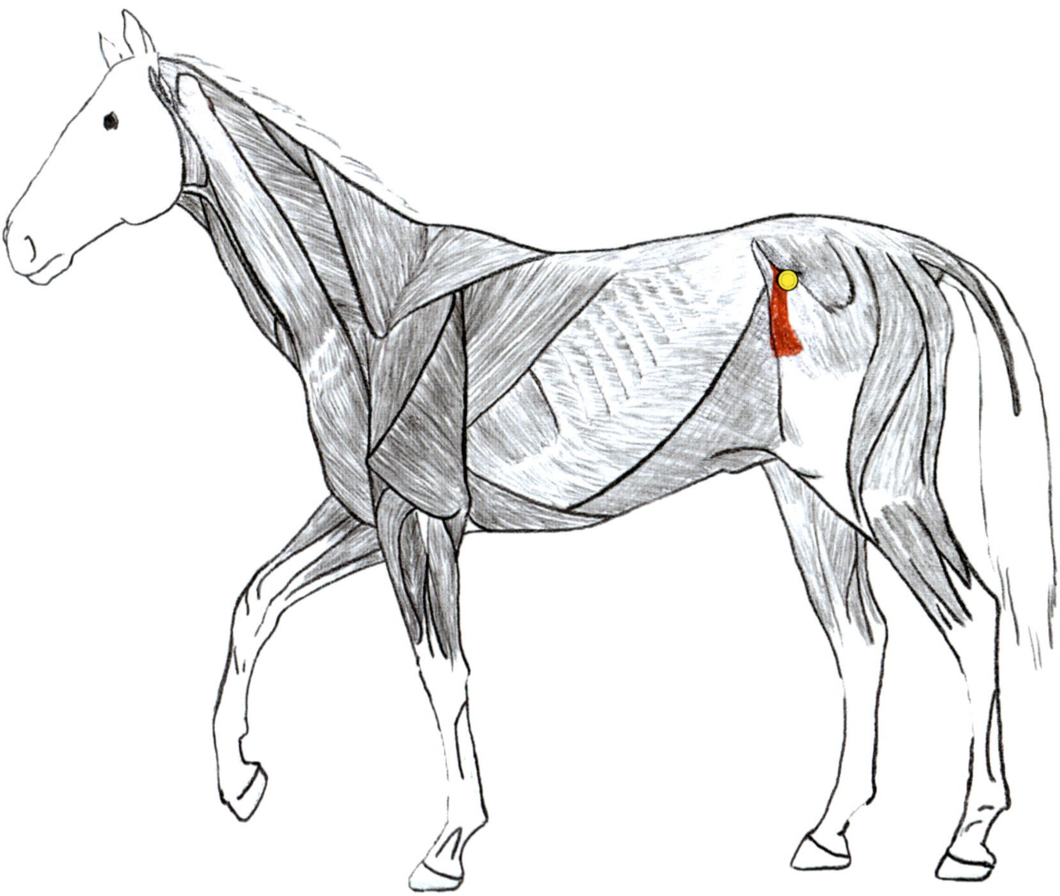

Lokalisation und Therapie

Etwas oberhalb von **SP 21** gelegen, wird das Pferd bei Druck gegen den Knochen das Hinterbein nach innen führen und/oder die Kruppenmuskeln anspannen. Bei einer derartigen Reaktion kann ein Rückenproblem oder eine Lahmheit der Hinterhand zunächst ausgeschlossen werden.

Zu behandeln ist wie bei **SP 21** mit zunehmendem Druck und Zirkelungen der fühlbaren Fasern gegen den Knochen.

Da für die Behandlung dieser Region nur ein sehr geringer Teil des Muskels tastbar und dementsprechend behandelbar ist, werden hier nur direkter Druck und kleine Zirkelungen ausgeübt.

Weitere Maßnahmen

Sollten sich nach der Behandlung die oben beschriebenen Probleme gebessert haben, werden weitergehende Untersuchungen nicht erforderlich sein. Findet keine Besserung statt, ist vor erneutem Reiten zunächst abzuklären, inwieweit andere Ursachen für eine eventuelle Lahmheit oder ein Rückenproblem verantwortlich sind.

Dehnung

Identisch mit den Dehnungen bei **SP 21**.

Springpferde und Westernpferde fallen mit Problemen an **SP 22** besonders auf.
Ich hatte in den letzten Jahren nur noch wenige Rennpferde zu behandeln. J. Meagher spricht aber davon, dass auch Rennpferde häufiger betroffen sein können.

SP23

SP 23 M. glutaeus medius und accessorius

(Mittlerer und unterstützender Kruppenmuskel)

Aufgabe

Der Glutaes medius streckt das Hüftgelenk und der Glutaes accessorius unterstützt diese Arbeit. Außerdem dreht der Glutaes accessorius den Oberschenkel auswärts.

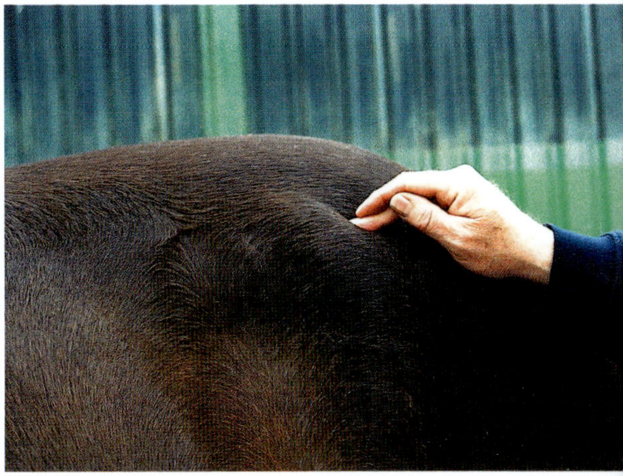

Probleme

Der Schritt ist verkürzt, die Beweglichkeit des Hüftgelenks ist eingeschränkt. Hier machen sich insbesondere Rückenbeschwerden deutlich bemerkbar.

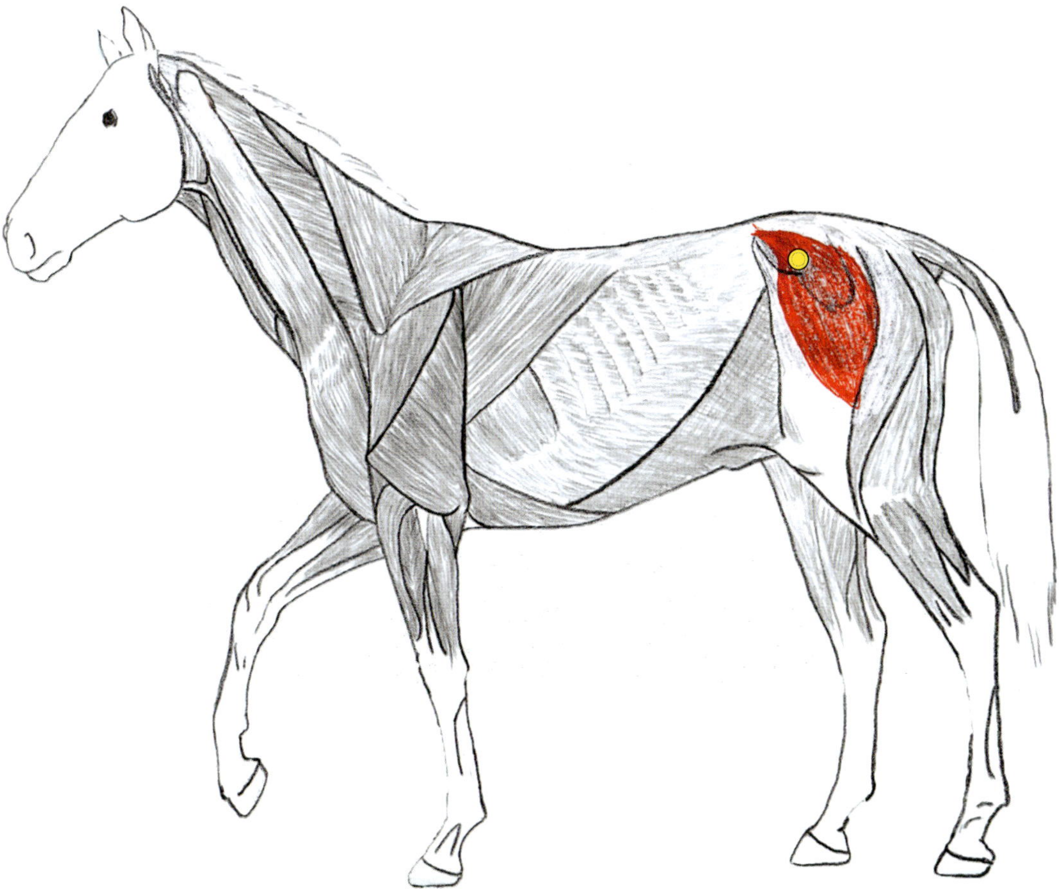

Lokalisation und Therapie

Oberhalb des Hüfthöckers und zwar fast auf der gesamten Ausdehnung hinter der Oberkante des Hüftgelenkes kann dieser Punkt lokalisiert werden.
Bei Druck auf diese Region wird das Pferd bei vorliegender Verspannung einknicken, ausweichen oder regelrecht zusammenzucken. Bei sehr starker Verspannung wird das Becken abkippen. Manchmal kippt das gesamte Becken nach vorne.

Beginnen Sie hier zunächst mit leichtem Druck und kleinen Zirkelungen über den gesamten Verlauf hinter der Oberkante des Hüfthöckers. Wenn das Pferd stärkeren Druck toleriert, intensiver werden.
Anschließend den gesamten dargestellten Muskel so gut wie möglich rhythmisch drücken.

Weitere Maßnahmen

Nach Abschluss der Behandlung kann das Pferd ruhig bewegt werden.
Sollten sich die Probleme nicht gebessert haben, ist unbedingt der gesamte Rücken fachlich untersuchen zu lassen.

Dehnung

Diese beiden Muskeln lassen sich mit der gleichen Vorgehensweise mobilisieren wie bei **SP 19** und **SP 20**. Sinnvoll ist aber weiterhin noch eine Dehnung des Hinterbeines unter dem Körper hindurch in Richtung des gegenüber liegenden Vorderbeines. Ein entsprechendes Foto dazu siehe **SP 18**.

Es gibt kaum eine pferdesportliche Disziplin, bei der nicht muskuläre Probleme in dieser Region zu finden sind. Auffällig häufig betroffen sind aber Spring- und Westernpferde.

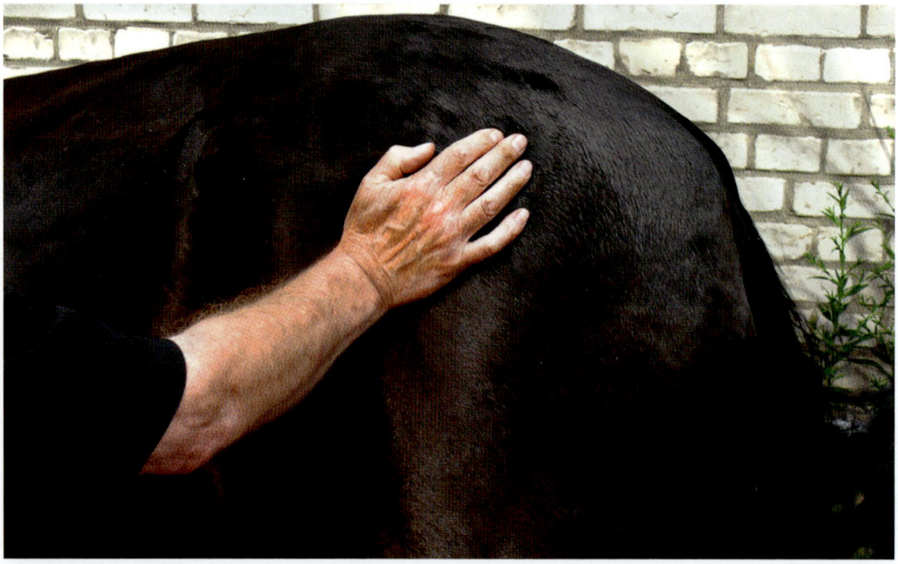

Kräftiger, rhythmischer Druck und intensive Querfriktion fast über die halbe Kruppe beenden auch hier die SPM.

SP24

SP 24 M. obliquus externus abdominis

(äußerer schräger Bauchmuskel, Ansatz etwa an der Spitze des Hüfthöckers)

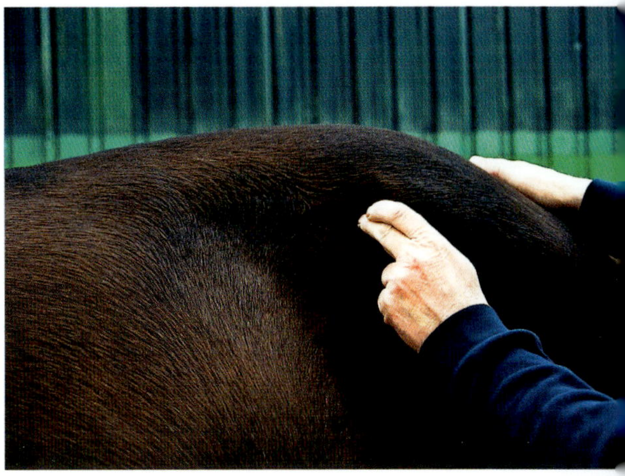

Aufgabe

Dieser Muskel ist für die Seitwärtsbiegung des Rumpfes zuständig.

Probleme

Die geforderte Lektion, die Biegung des Pferdes um seine Längsachse, ist nicht erreichbar, wenn sich eine Verspannung gebildet hat. Die Hüftbewegung erscheint schleppend.
Der Reiter berichtet meist, dass das Pferd beim Putzen in dieser Region sehr kitzelig ist. Nach Jahren der SPM-Anwendung behaupte ich heute, dass Pferde kaum kitzelig sind,

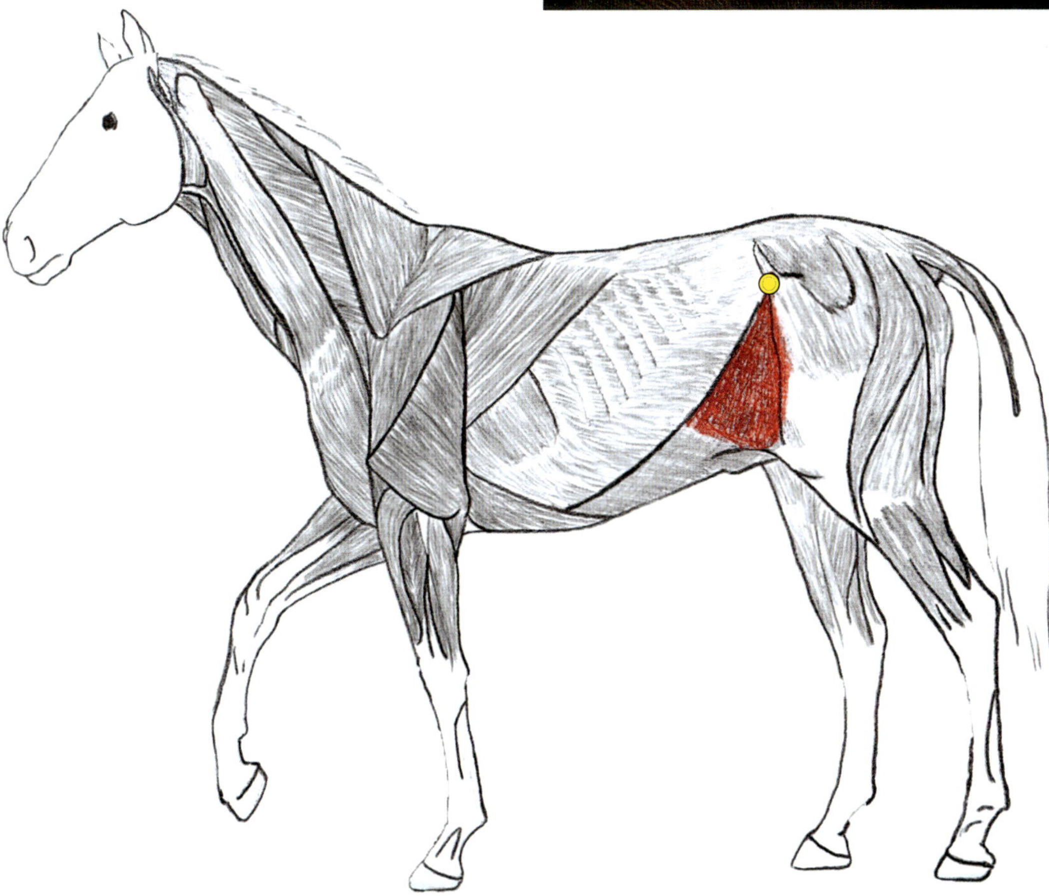

sondern die Ursache für Empfindlichkeiten, insbesondere an diesen Punkten, fast immer auf Verspannungen zurückzuführen sind.

Lokalisation und Therapie

Etwas oberhalb von **SP 22** ist der Ursprung dieses Muskels zu finden. Bei direktem Druck gegen die vordere untere Kante des Hüfthöckers, kann das Pferd ausweichen. Manchmal erfolgt ein Hautzittern über den gesamten schrägen Muskelverlauf. Dieses Hautzittern kommt meist dann vor, wenn man mit dem Daumen oder dem Finger diesem Muskelverlauf in Richtung **SP 25** durch Reiben quer zur Faser bzw. der dort tastbaren Muskelkante folgt.

Achtung

Fast alle Pferde sind in dieser Region sehr empfindlich. Insbesondere der Weg zu SP 25 wird oft mit heftiger Abwehr verbunden sein. Sehr gefühlvolle Arbeit ist demnach besonders gefragt.

Allerdings ist der Druck auf den Ursprungspunkt soweit zu entwickeln, wie das Pferd es zulässt.
Die schon oft angesprochenen Zirkelungen sind als Ergänzung sehr nützlich. Reiben quer zur Faser in Richtung **SP 25** wurde bereits angesprochen.

SP 25

SP 25 M. obliquus externus abdominis

(Ansatz am Rippenbogen)

Probleme

Identisch mit **SP 24**.

Es ist besonders zu beachten, dass Pferde, die an einem leichten Kreuzverschlag erkrankt waren (Tying-up-Syndrom) im Muskelverlauf Probleme zeigen, wie bei SP 24 geschildert. Es muss also dieser Punkt untersucht und entsprechend mitbehandelt werden.

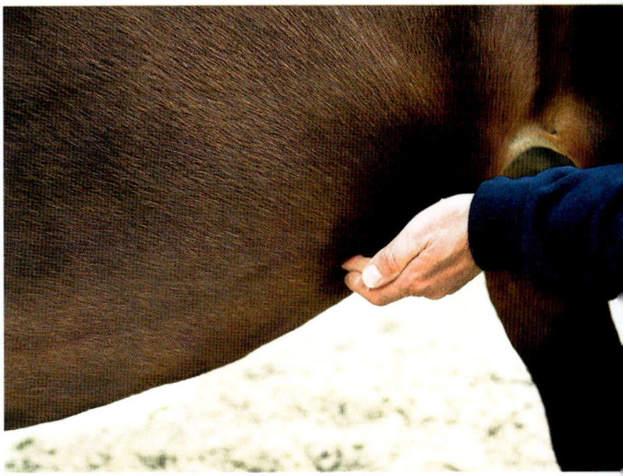

Lokalisation und Therapie

Folgen Sie dem Muskelverlauf über den Bogen der letzten Rippe. Ist dort eine Schwellung zu finden und erfolgt Hautzittern sowie Abwehr, sollte ein leichter Druck über kurze

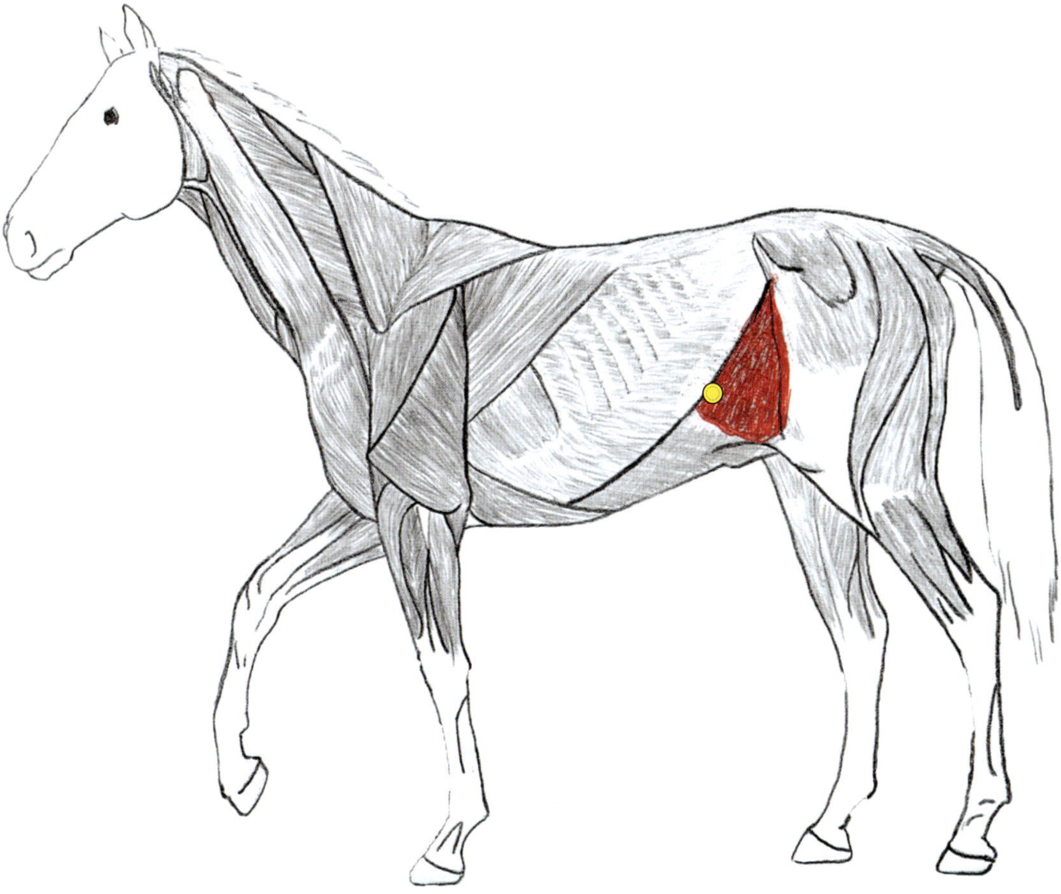

Zeit ausgeübt werden. Aufgrund der geschilderten Empfindlichkeit ist es besser, Reibung nur vorsichtig quer zur Faser auszuführen. Dafür ist eine tägliche Wiederholung in einem Zeitraum von bis zu einer Woche empfehlenswert.

Weitere Maßnahmen

Das Pferd kann wieder leicht bewegt werden. Um die Dehnung zu unterstützen, ist unter dem Sattel Biegung zu fordern. Eine weitere Bewegungs-Möglichkeit stellt die kontrollierte Arbeit an der Longe dar (das Pferd soll an der Longe nicht lostoben). Wer die Arbeit mit der Doppellonge beherrscht, kann damit besonders wirkungsvoll die äußere Körperpartie gymnastizieren.

Dehnung

Eine direkte und effektive Dehnung dieses Muskels ist kaum möglich. Meine besten Ergebnisse habe ich mit der Dehnung des Halses (Möhren-Trick) in Richtung Hüfthöcker erzielt. Dabei ist es aber wichtig, dass das Pferd seine Hinterbeine stehen lässt und nicht unter der Dehnung versucht, nach außen auszuweichen.

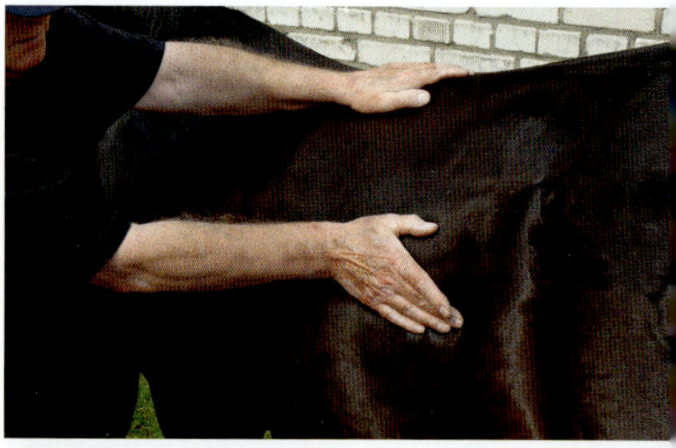

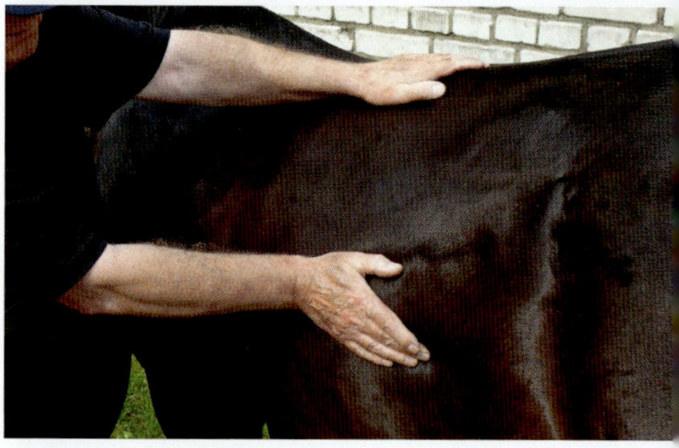

Bei diesen beiden Punkten achten Sie besonders auf den Druck, den Sie auf dem Weg von SP 24 zu SP 25 ausüben. Nehmen Sie, wie gezeigt, die flache Hand und nutzen evtl. den Mittelfinger, um eine leichte Querfriktion anzuwenden. Achten Sie dabei auch unbedingt auf Ihre Behandlungsposition.

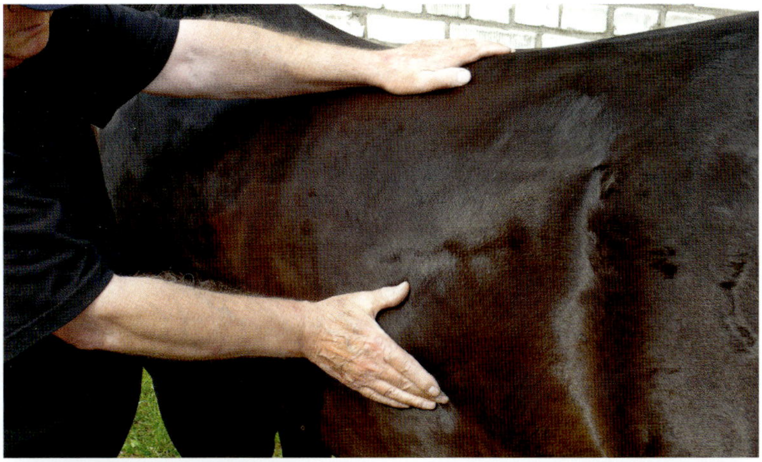

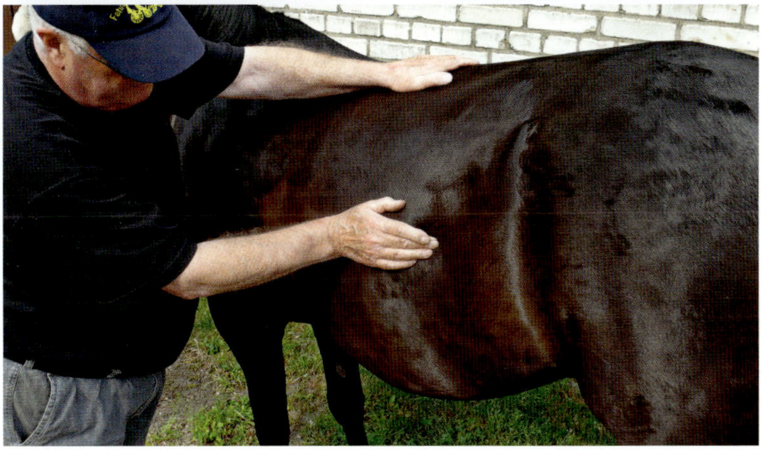

Weitere Stresspunkte

Im Verlauf der praktischen Arbeit besonders an Sportpferden (weniger an Freizeitpferden) haben sich weitere, näher zu beschreibende Punkte gefunden. Wie aber Jack Meagher seinerzeit zutreffend sagte, sind diese Punkte nicht so präzise zu finden, wie die vorherigen. Ich kann aber nur jedem, der sich mit dieser Massagetherapie beschäftigt, empfehlen – und dies gilt hauptsächlich für beruflich tätige Therapeuten, auch diese Zonen zu suchen und in ihr Behandlungsschema aufzunehmen.

SP 26 M. pectoralis

(Vorderer Teil der Brustmuskulatur)

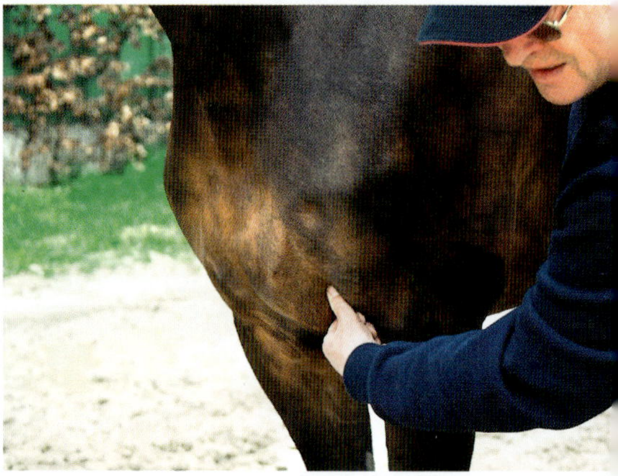

Aufgabe

Die Adduktion, das Heranführen des Vorderbeines, wird möglich. Es werden die Vor- und Seitwärtsbewegung des Vorderbeines unterstützt.

Probleme

Das Ausgreifen des Vorderbeines ist vermindert und besonders die Abduktion (das Wegführen des Beines) zur Seite ist nur schwer möglich.

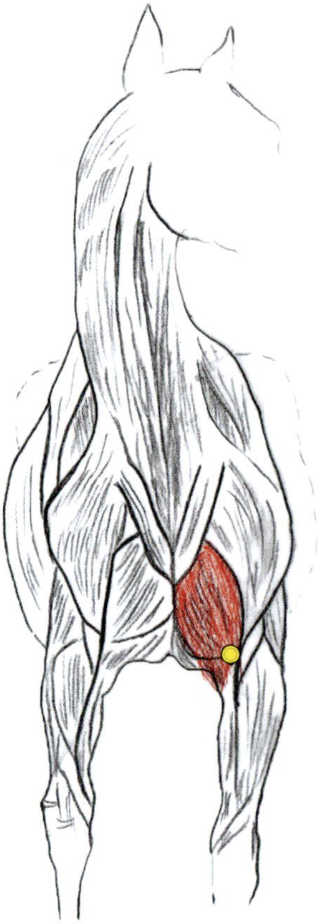

Lokalisation und Therapie

Oft fühlt sich der gesamte Muskel hart und verspannt an. Am Übergang vom Brustmuskel zum Oberarm ist eine Vertiefung zu finden. Dort erzeugter tiefer Druck wird bei Problemen an diesem Muskel ein Hautzittern oder Wegtreten des Pferdes zur Folge haben.

Kleinflächige Zirkelungen mit ansteigendem Druck kann dem Pferd Erleichterung bringen. Rhythmische Drückungen der Brustseite und Reiben quer zur Muskelfaser ergänzen die Behandlung.

Weitere Maßnahmen

Beim Training sind zunächst keine Seitengänge zu fordern. Es sollte auf großen gebogenen Linien geritten/gefahren werden. Durch Kontrolle, inwieweit sich die Druckempfindlichkeit reduziert hat oder ganz verschwunden ist, kann das normale Training wieder aufgenommen werden. Wenn die Möglichkeit besteht, empfiehlt es sich, das Pferd kleine Hügel hinaufklettern zu lassen.

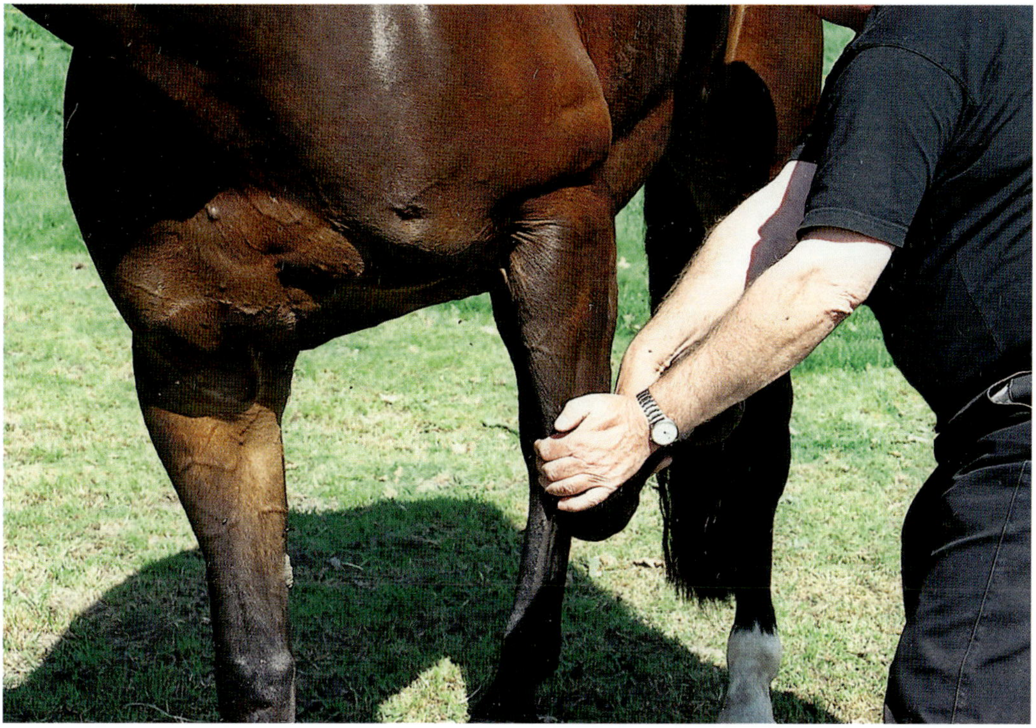

Kombination aus Retraktion und Abduktion zur Dehnung der Brustmuskulatur.

Dehnung

Das behandelte Vorderbein aufheben und unter leichtem, rückwärtigem Zug (Retraktion) nach hinten dehnen.
Dabei ist es sinnvoll, während des Dehnvorganges das Bein auch seitwärts bis zur Toleranzgrenze der Abduktion zu bewegen.

Besonders bei im Fahrsport eingesetzten Pferden, bei Pferden, die anspruchsvolle Westernlektionen gehen sowie bei Spring- und Dressurpferden zeigt sich vermehrte Empfindlichkeit an **SP 26**.

SP 27 M. extensor carpi radialis

(radiale Karpalgelenksstrecker)

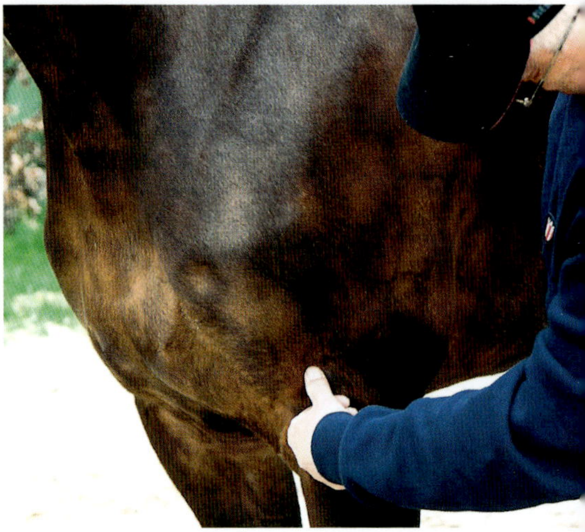

Aufgabe

Dieser Muskel ermöglich ein Strecken des Karpalgelenks (Vorderfußwurzelgelenk) und der Zehe.

Problem

Die Extension (Streckung) des Hufes ist bei der Protraktion (Vorwärtsbewegung) vermindert.

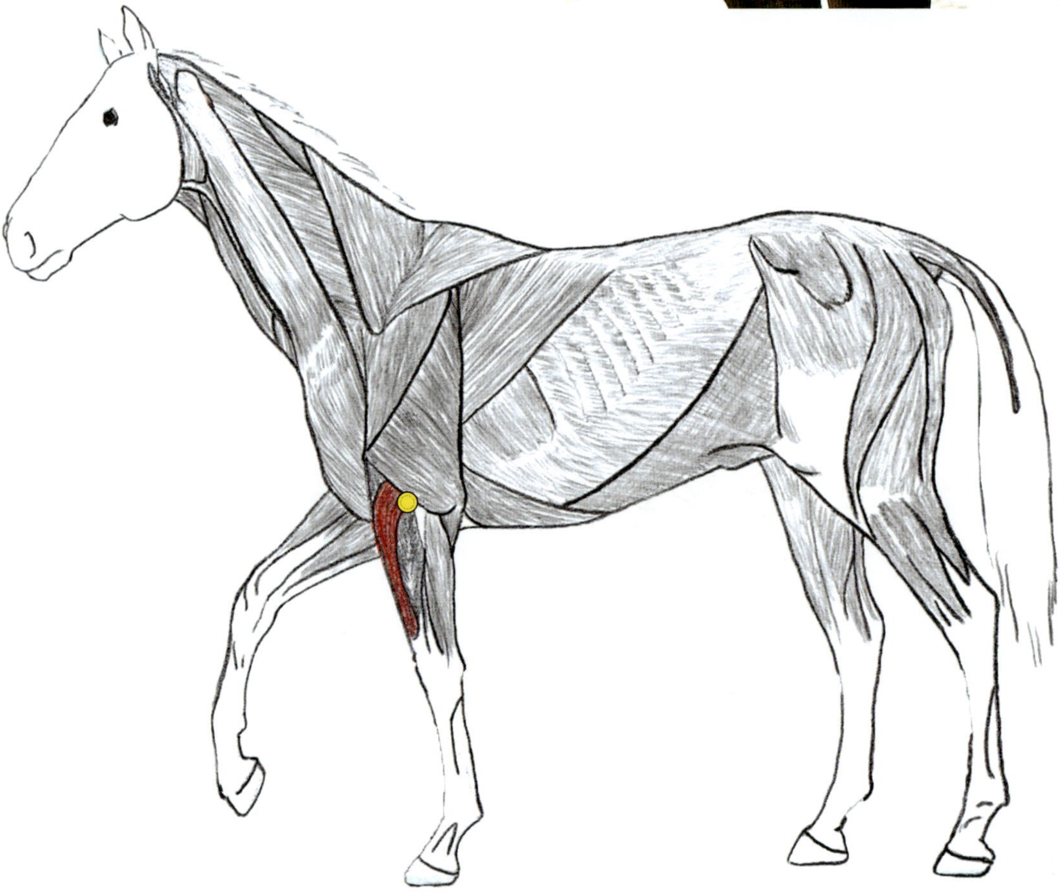

Lokalisation und Therapie

Tastbar ist dieser Punkt unterhalb vom Triceps brachii, in Richtung auf die Vorderseite des Beines.
In einer deutlich fühlbaren Vertiefung wird das Pferd bei Druck ausweichen und manchmal mit dem Huf aufstampfen.

Dieser Bereich sollte mit intensivem Druck und klein angelegten Zirkelungen bearbeitet werden.
Reiben quer zur Faser über den gesamten Muskelverlauf, fast bis zum Karpalgelenk und entsprechende Drückungen schaffen oft Verbesserungen.

Weitere Maßnahmen

Leichte, gymnastizierende Arbeit in allen Gangarten.

Dehnung

Retraktion des Vorderbeines wie bei **SP 2** beschrieben ist hierbei ebenso sinnvoll.

Westernpferde, speziell im Reining eingesetzt, zeigen an dieser Stelle oftmals erheblich Verspannungen. Ähnlich verhält es sich mit Springpferden. Dressur-, Gelände- und Fahrpferde sollten an diesen Punkten ebenfalls untersucht werden.

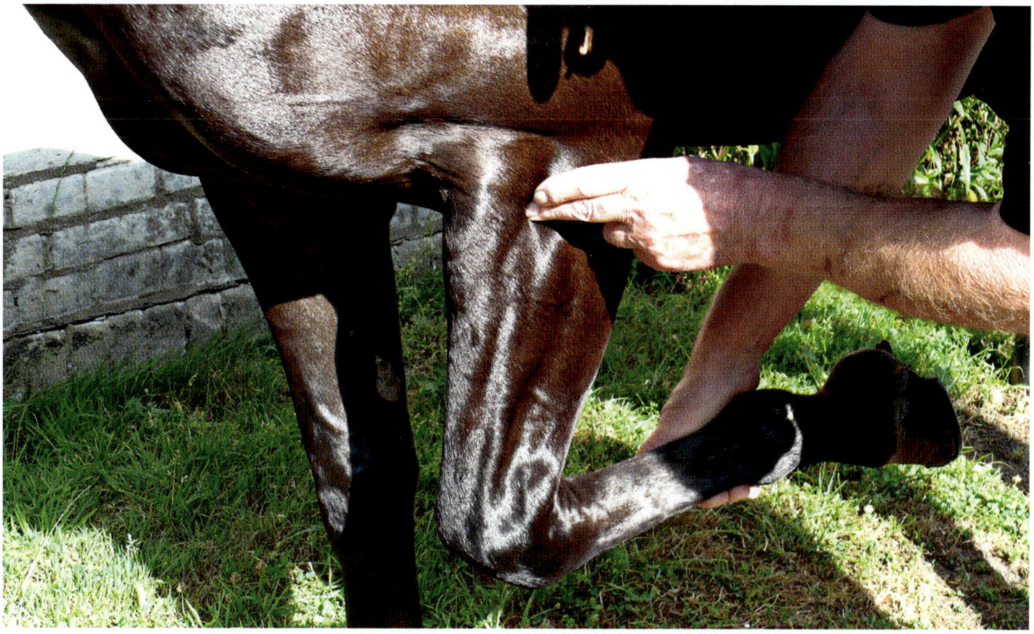

Bei aufgehobenem Vorderbein vom SP ausgehend Querfriktion über den gesamten Muskel.

SP 28 M. extensor carpi ulnaris

(ulnare Karpalgelenksbeuger)

Aufgaben

Dieser Muskel ermöglich ein Beugen des Karpalgelenks und der Zehe.

Obwohl in der Namensnennung eigentlich die Streckfunktion angesprochen wird, wirken diese Muskeln als Beuger.

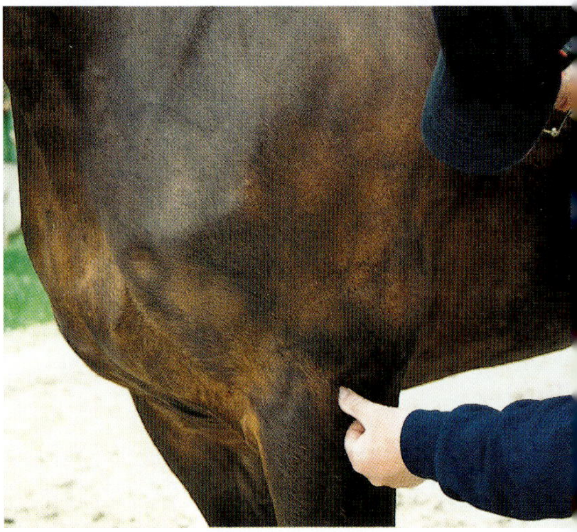

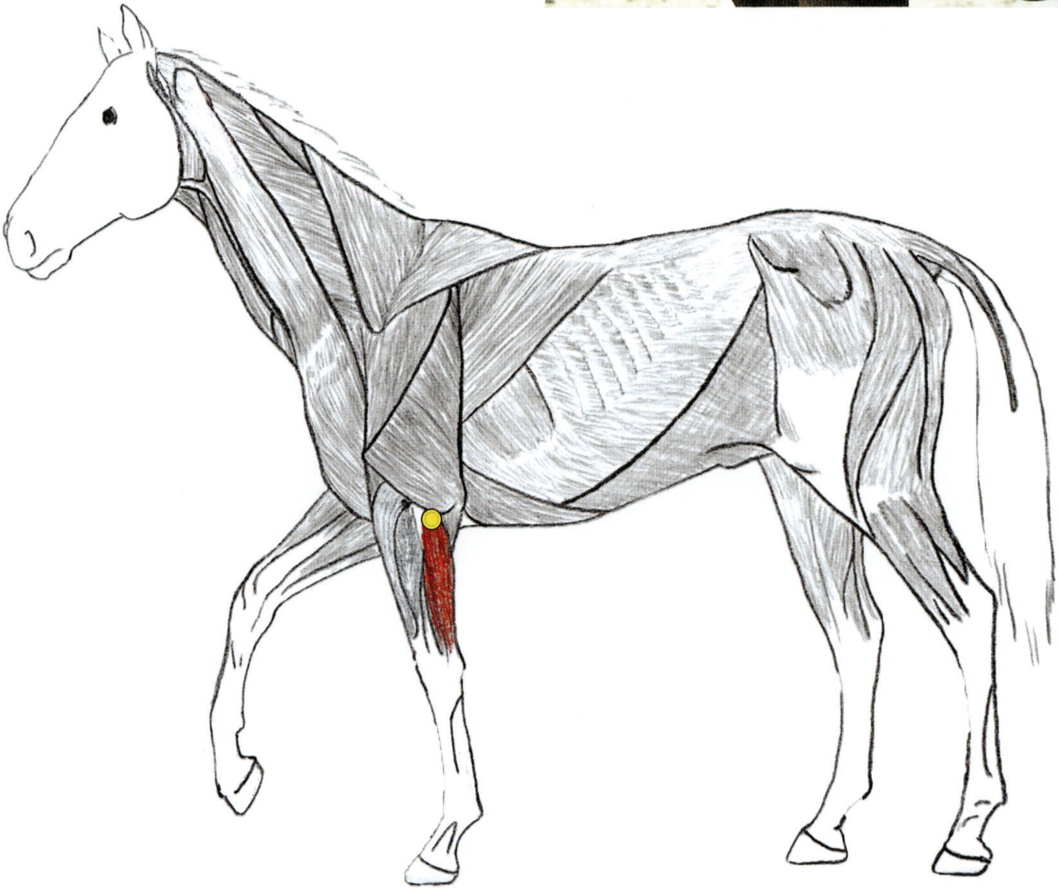

Problem
Die Hufbeugung ist bei der Rückführung des Beines vermindert.

Lokalisation und Therapie
Unterhalb des Ellenbogens in Richtung zur Mitte des Vorderbeines gelegen, ist dort eine kleine Vertiefung zu tasten.
Die Reaktion des Pferdes bei Druck auf diesen Punkt reicht von Ausweichen über Hautzittern bis zur Bugspitze bis zu heftigem Aufstampfen.

Wenn aufgrund der vorher beschriebenen Symptome eine Behandlung nötig ist, verfahren Sie in der gleichen Weise wie bei **SP 27** beschrieben.

Sollten diese Muskeln beim stehenden Pferd sehr stark unter Spannung stehen und ein rhythmisches Drücken kaum möglich sein, können Sie mit der freien Hand das Bein aufheben. Dadurch wird die natürliche Spannung dieser Muskeln reduziert und eine Massage ist wesentlich wirkungsvoller.

Um wie beschrieben vorzugehen, kann es manchmal nützlich und einfacher sein, einen Helfer das Bein aufhalten zu lassen.

Weitere Maßnahmen
Auch hier wird Gymnastik, insbesondere Reiten über am Boden liegende Stangen, das Massageergebnis weiter verbessern.

Dehnung
Aufnehmen des Vorderbeines und Protraktion des Beines und in der maximalen Dehnung möglichst lange (30 Sekunden) halten. Das Bein dann aber nicht einfach fallen lassen, sondern langsam auf den Boden zurückstellen.

Pferde, die in den wie bei **SP 27** beschriebenen Disziplinen eingesetzt werden, sind an **SP 28** genauso häufig verspannt.

SP 29 M. extensor digitalis longus

(Sprunggelenksbeuger)

Aufgaben

Mit Hilfe dieses Muskels kann das Sprunggelenk gebeugt werden und Fesselgelenk und Zehe gestreckt.

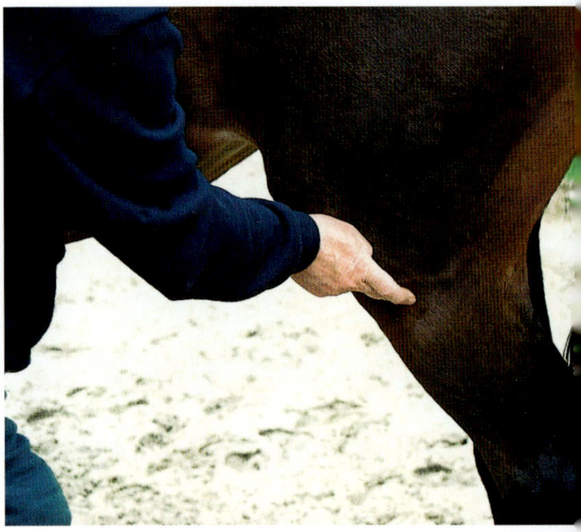

Probleme

Die Streckung der Zehe ist eingeschränkt, bei der Vorwärtsbewegung des Beines erscheint die Trittlänge verkürzt. Hier ist eine mögliche Ursache für das häufig auftretende Symptom der unterschiedlichen Schrittlänge zur gegenüber liegenden Seite zu finden.

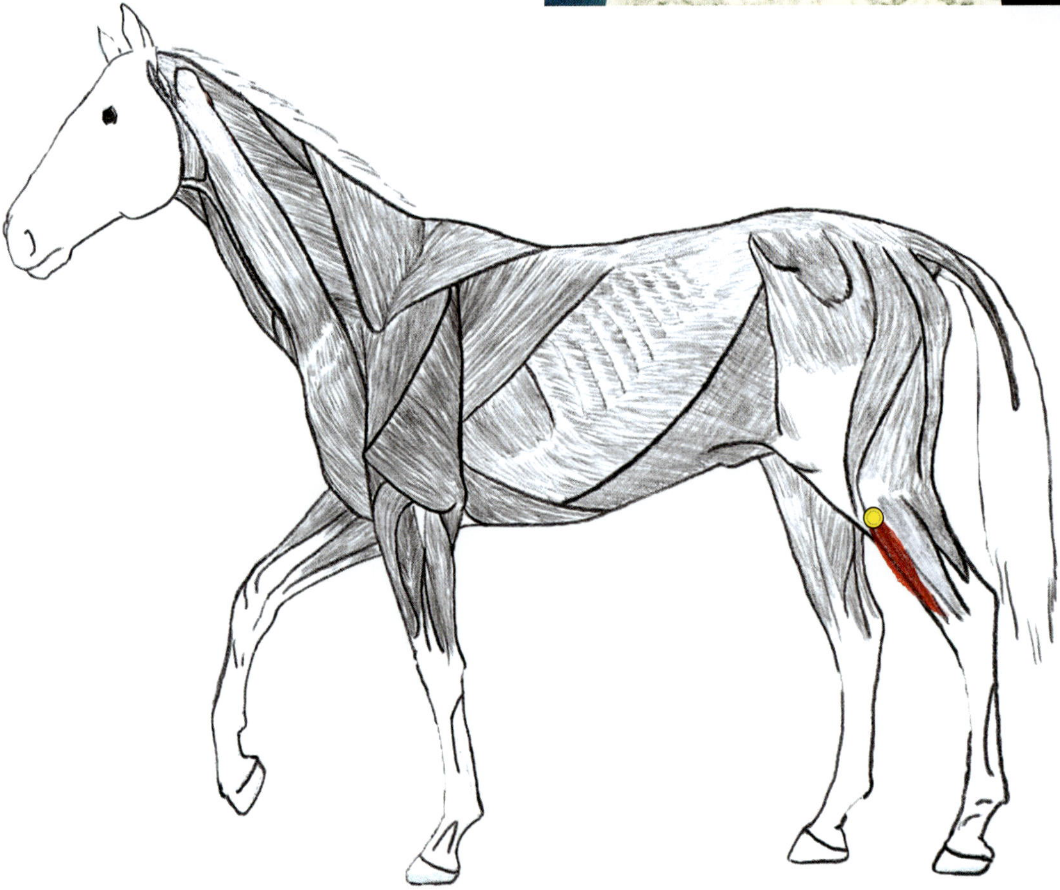

Lokalisation und Therapie

Unterhalb des Kniegelenkes, fast am vorderen Rand des Beines, finden Sie diesen Punkt, wie fast alle Stresspunkte in einer Vertiefung. Bei Verspannung dieser Muskeln werden die gleichen Symptome, wie bei den Muskeln der Vorderbeine beschrieben, zu erwarten sein.
Die Behandlung sollte ebenfalls mit direktem, ansteigendem Druck und kleinen Zirkelungen begonnen werden.
Für die notwendigen Reibungen quer zur Faser und Drückungen über den gesamten Muskelverlauf können Sie z.B. das Bein aufheben und über das eigene gebeugte Knie legen. Die Muskeln sind dann entspannter und die Massage ist wirkungsvoller.

Weitere Maßnahmen

Das anschließende Training richtet sich besonders nach dem vorhergehenden Untersuchungs- und Behandlungsergebnis.
Es empfiehlt sich, über Bodenstangen zu reiten und in der nächsten Phase eventuell mit dem Pferd kleinere Hügel bergauf zu reiten.

Dehnung

Nach Aufheben des Hinterbeines, dieses Bein langsam nach rückwärts gehend und nicht gegen einen eventuell aufkommenden Widerstand des Pferdes dehnen. Die Dehnung ca. 30 Sekunden halten. Manchmal strecken Pferde ihr Hinterbein bei Beginn der Dehnung von alleine in die gewünschte Richtung und unterstützen damit Ihre Arbeit. Für diese Dehnung gilt natürlich auch, dass Bein langsam in seine Standposition zurückführen.

Fast in allen sportlichen Disziplinen findet man Verspannungsprobleme an diesen Muskeln. Ganz besonders aber bei Springpferden und Pferden in anspruchsvollen Westerndisziplinen.

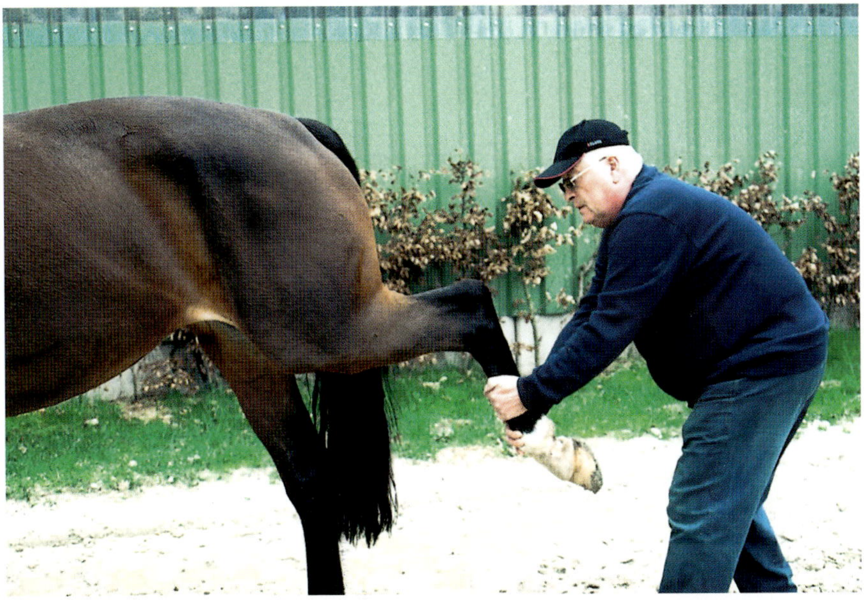

SP 30 M. flexor digitalis profundus

(Sprunggelenksstrecker)

Aufgabe

Dieser Muskel streckt das Sprunggelenk und beugt das Fesselgelenk und die Zehe.

Probleme

Die Beugung der Zehe ist in der Rückwärtsbewegung eingeschränkt. Das Pferd kann dadurch weniger Kraft entwickeln.

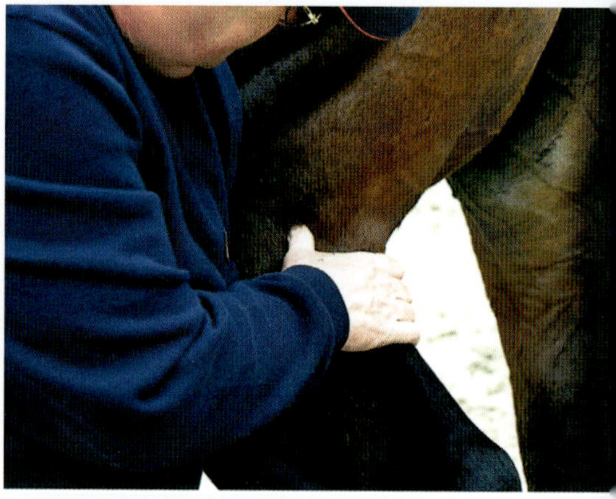

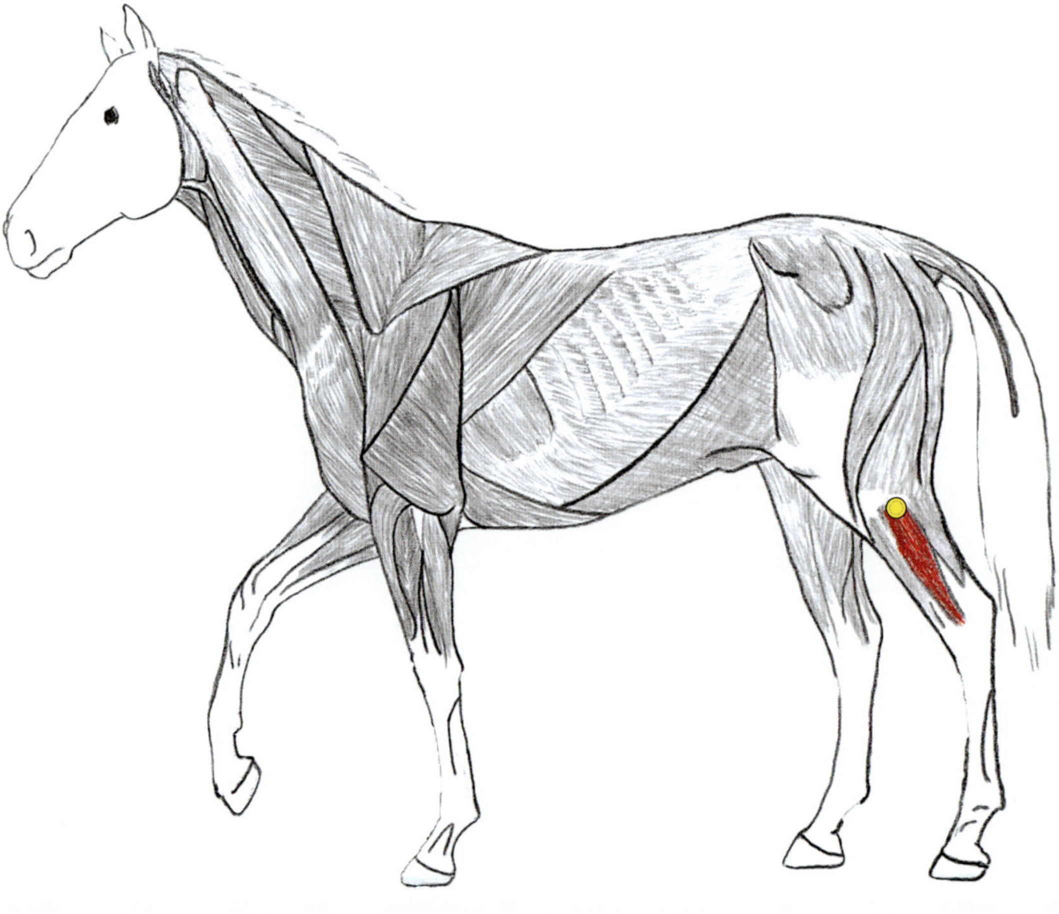

Lokalisation und Therapie

Fast auf der Höhe des **SP 18** (Gastrocnemius), mehr zur Mitte des Beines, liegt eine Vertiefung, dort etwa befindet sich **SP 30**.
Bei Druck auf diesen Punkt zeigt das Pferd im Falle der Verspannung der Muskeln Ausweichen, Einknicken oder Wegtreten.
Direkter Druck so tief wie möglich und kleine Zirkelungen zu Anfang, nachfolgend Reiben quer zur Faser über den Muskelverlauf bis fast zum Sprunggelenk lösen diese Problematik.

Weitere Maßnahmen

Zunächst sollte das Pferd in den Grundgangarten locker geritten werden. Gymnastik über Bodenstangen oder kleine Cavaletti verbessert das Ergebnis der Stresspunktmassage.

Dehnung

Diese Übung wurde schon bei **SP 18** beschrieben, deshalb hier nur noch einmal in Kurzform.
Von der gegenüberliegenden Seite das Bein aufheben und unter dem Bauch nach vorwärts-seitwärts dehnen.

Besonders Spring- und Westernpferde zeigen vermehrt Verspannung an diesen Muskeln. Bei Gelände-, Gespann- und Distanzpferden diese Region immer mit überprüfen.

Damit sind 30 Stresspunkte beschrieben. Die ab Stresspunkt 25 hier hinzugefügten Punkte habe ich bei meiner Arbeit in den letzten Jahren gefunden.

Die neuromuskuläre Technik als Grundlage für die Wirkung der Stresspunktmassage

Wie J. Meagher es schon beschrieben hat, befinden sich sogenannte Golgi-Sehnenkörper in den sehnigen Teilen der Muskulatur. Gemeint sind die Ursprungs- und Ansatzsehnen. Diese Rezeptoren geben darüber Auskunft, wie schwer der betroffene Muskel arbeitet.
Wird eine Be- oder Überlastung des Muskels registriert, so wird über die neurologische Steuerung die Muskeltätigkeit beendet, um eine Schädigung des Muskels zu verhindern. Diese Erkenntnis nutzt die Stresspunktmassage.

Wie an anderer Stelle vermerkt, wird als Grundlage der SPM an den beteiligten Sehnen durch direkten Druck diagnostisch festgestellt, ob in dem betroffenen Muskel eine erhöhte Grundspannung oder sogar eine Verspannung existiert. Sofern uns das Pferd mit seinen Reaktionen zeigt, dass ein Muskelproblem vorliegt, wird mit dem direkten Druck gegen den Knochen gearbeitet.

Mit dieser Technik, also Druck auf die Sehne, weg vom Muskel, erfolgt über den dadurch auslösbaren Reflex eine Entspannung des betroffenen Muskels. Querfriktion und rhythmischer Druck über den gesamten Muskel vervollständigen diese Technik.

Auf eine Besonderheit der Stresspunktmassage möchte ich noch hinweisen. Etwa im Jahr 2000 wurde, noch initiiert von J. Meagher und geplant von seiner Nachfolgerin Jo An Wilson, ein nach wissenschaftlichen Kriterien durchgeführter Versuch veröffentlicht, der die **Wirksamkeit der SPM bewiesen** hat. Erschienen sind die Ergebnisse im Journal der AMTA (American Massage Therapy Association).
Die erstaunlichen Ergebnisse zeigen in der Zusammenfassung, dass sich nach durchgeführter Stresspunktmassage an fünf unterschiedlichen Pferden der Raumgriff im Schritt und Trab deutlich verbesserte.

Es kann davon ausgegangen werden, dass diese Therapie bisher die einzige Massage-Therapie ist, deren Wirkung wissenschaftlich bewiesen wurde.

Sicherheitshinweise

Die bei den Stresspunkten beschriebenen Reaktionen des Pferdes – Hautzittern, Wegtreten usw. – sind nichts anderes als Schmerzreaktionen, die durch den Druck auf den Stresspunkt erkennbar werden.
Gehen Sie also mit äußerster Vorsicht an Ihr Pferd. Viele Pferdebesitzer haben mir immer wieder bestätigt, dass selbst ein noch so braves Pferd plötzlich Reaktionen zeigt, die nie erwartet wurden.

Tasten Sie sich langsam an die Punkte heran. Beobachten Sie dabei immer Ihr Pferd – eventuell nur aus den Augenwinkeln. Legt dass Pferd plötzlich die Ohren nach hinten an oder versucht es, nach Ihnen zu schnappen, vermindern Sie sofort den Druck. Wenn das nicht ausreicht, gehen Sie wieder an eine Stelle zurück, an der das Pferd die Massage genießt.

Je weiter Sie sich in Richtung Hinterhand vorarbeiten, umso wachsamer müssen Sie sein. Außerdem sollten Stuten, die zum Decken beim Hengst waren und den Hengst vielleicht schon abgeschlagen haben, keinesfalls in der gesamten Kruppenregion massiert werden. Ganz bestimmt nicht am Tage des letzten Hengstkontaktes. Sie warten besser noch einige Zeit ab und beginnen dann mit der gebotenen Vorsicht in dieser Region mit Ihrer Behandlung.

Andererseits möchte ich Sie ermutigen, Ihrem Pferd Gutes zu tun und es sozusagen als »Wellness-Programm« immer wieder nach aktiven Stresspunkten zu untersuchen. Dies kann ohne großen Aufwand beim Putzen geschehen. Wenn Sie sich einmal die Lage der Punkte gemerkt haben, ist das Überprüfen fast schon eine gewohnte Handlung. Wenn Sie sich dann nicht sicher sind, holen Sie sich einen Therapeuten dazu, der diese Methode beherrscht.

Bei der Massage an allen Stresspunkten gibt es fast immer eine schöne Möglichkeit, den Erfolg der Arbeit festzustellen. Wenn ein Pferd, vielleicht sogar schon sehr lange, Muskelprobleme hat und durch die richtige Massage die Schmerzproblematik verringert wird, zeigen fast alle Pferde ein zufriedenes Kauen oder sie atmen tief aus. Das gesamte Pferd entspannt sich und macht einen zufriedenen Eindruck.

Das *Pony Special* ist ein international erfolgreiches Deutsches Reitpony, am Start an Zwei- und Vierspännerturnieren. Es hat an der ersten Pony-WM in Karlstetten/Österreich im Zweispänner erfolgreich teilgenommen und wird nun vierspännig, hauptsächlich als Vorderpferd, eingesetzt.

Das Pferd Special ist vorne rechts eingespannt. Stellung und Biegung sind kaum erkennbar.

Nach der Behandlung deutlich verbessert.

Die Vorderpferde sind naturgemäß nicht so einfach zu stellen und zu biegen wie die Stangenpferde des Vierspänners oder gar ein Pony oder Pferd unter dem Sattel.

Der Fahrer bat mich, dieses Pony zu untersuchen, weil an Stellung und Biegung besonders in Rechtswendungen nicht zu denken war.

Die Untersuchung ergab deutliche Muskelprobleme besonders am Trapezius und im Verlauf des M. Longissimus dorsi sowie an den Brustmuskeln.

Die Behandlung gestaltete sich aufgrund der Abwehr des ansonsten sehr zutraulichen Ponys als schwierig und erforderte etwas größeren Zeitaufwand.

Nach der Stresspunktmassage an den aktiven Punkten wurden die gesamten betroffenen Muskeln mit einem rhythmisch zu steuernden Massagegerät abschließend behandelt, wobei hier Wärme unterstützend eingesetzt wurde.

Am nächsten Tag erhielt ich einen Anruf des Fahrers, der bei der Behandlung nicht selber anwesend war, mit folgendem Wortlaut: »Was hast Du mit meinem Pony gemacht?«

Ich war zunächst überrascht und mir war nicht klar, was er meinte. Mir wurde berichtet, dass das Pony zum ersten Mal seit langer Zeit ein wenig Rechtsstellung zeigte. Selbst einer noch wenig erfahrenen Beifahrerin war diese positive Veränderung aufgefallen.

Um hier weiterzukommen, wurden noch weitere Behandlungen nötig. Das Fahrteam ging aber mit wesentlich besseren Voraussetzungen in die gerade beginnende Turniersaison.

Zu den pferdesportlichen Disziplinen und die damit im Zusammenhang gebrachten Auffälligkeiten an den jeweiligen Stresspunkten ist noch grundsätzlich zu sagen, dass es sich dabei um Erfahrungswerte aus Pferdebehandlungen der letzten Jahre handelt. Dies bedeutet aber keinesfalls, dass nicht auch Freizeitpferde Muskelprobleme an Punkten haben können, die ansonsten nicht als typisch gelten.

Wenn man weiterhin die am meisten betroffenen Disziplinen betrachtet, fallen Vielseitigkeits- und Fahrpferde besonders auf. Gefolgt von Distanz- und Dressurpferden.

Hierzu ist zu sagen, dass besonders Dressurpferde mit aktiven Stresspunkten wesentlich häufigere Behandlungen erfordern und auch Rückfälle vermehrt auftreten.

Das es aber auch ganz anders gehen kann, wird an folgenden Pferden deutlich:

Josef Berlage

Josef Berlage, Schüttorf, ist seit mehreren Jahren Mitglied im Landeskader Weser-Ems und erfolgreich im Fahrsport bis zur Klasse S. Seine Ponys Blacky und Noby van´t Vliet sind von mir 2003 mehrfach mit der Stresspunktmassage behandelt worden. Schon nach wenigen Behandlungen zeigten die Ponys ihre ursprüngliche Qualität und haben bisher keine weiteren Probleme gehabt, obwohl sie immer wieder in schweren Fahrprüfungen eingesetzt wurden.

Fallbeispiel: Behandlung mit Moor vor der SPM

Bei manchen Pferden ist der Einsatz von SPM erst in zweiter Linie sinnvoll. Dies wurde besonders bei einem Pony deutlich, das von mir behandelt wurde, als ich an den Texten zu diesem Buch saß. Die Reiterin und ihr Pony sind mir schon länger bekannt. Beide haben bisher eine ihrem Alter entsprechende sorgfältige Aus- und Weiterbildung erhalten. Die sechs Jahre alte Ponystute hatte bis vor kurzem noch ihr Fohlen bei Fuß.

Das Problem

Die Reiterin berichtete, dass sie beim Reiten das Gefühl hatte, als käme die Stute mit der Hinterhand nicht mit. Sie nahm diese Veränderung wahr, nachdem das Fohlen der Stute abgesetzt worden war.

Die erste Untersuchung

Die erste Untersuchung ergab eine etwas gebundene, schleppende Vorwärtsbewegung des ansonsten mit sehr guter Bewegung ausgestatteten Reitponys.
Weiter reagierte die Stute in der gesamten Kruppen- und Rückenmuskulatur auf Druck sehr schmerzempfindlich.

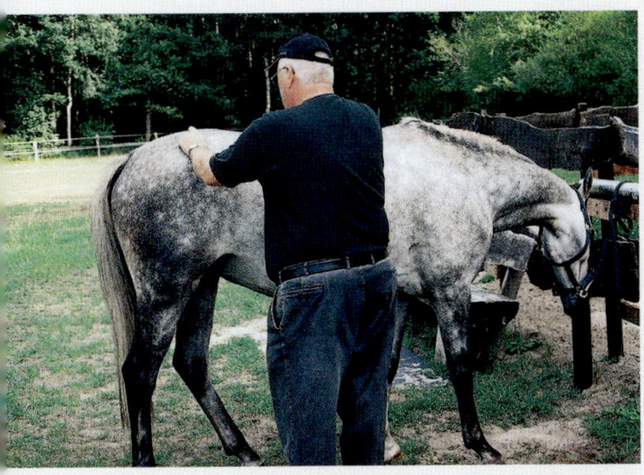

SP 16 ist sehr druckempfindlich.

SP 23 Das Becken kippt ab.

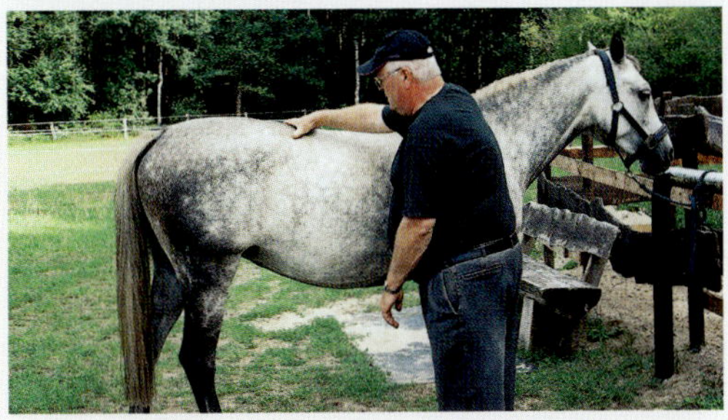

Region SP 14/15 – Druckschmerz.

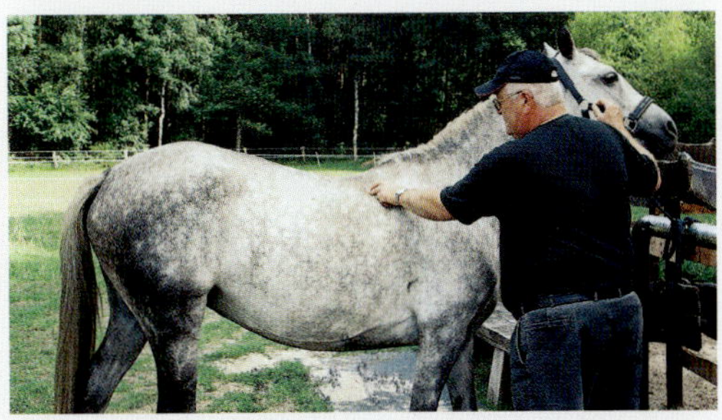

SP 13 Das Pony drückt den Rücken weg und versucht, dem Schmerz deutlich auszuweichen.

SP 1 deutliche Abwehr erkennbar. Das Pony wendet seinen Kopf ab.

Akute Entzündungen konnten bei der ersten Untersuchung nicht festgestellt werden. Ebenso wurden durch entsprechende weitere Untersuchungen Veränderungen am Skelett ausgeschlossen.

Es zeigte sich, dass es kaum möglich und auch nur wenig sinnvoll war, mit einer Stresspunktmassage direkt zu beginnen. Ich entschloss mich dazu, hier zunächst die gesamte betroffene Muskulatur mit Moorpackungen zu behandeln. Die Anwendung von einer Moorpackung entspricht der von Warm-up.
Bei der Anwendung von Moor ist der heilende Effekt hervorzuheben. Die Warm-up-Kissen funktionieren in diesem Fall lediglich als Wärmeträger.
Schon wenige Minuten nach Behandlungsbeginn drückt das Gesicht des Ponys Wohlbehagen aus.

In diesen 30 Minuten entspannt sich das Pony komplett und schläft beinahe ein.

Die auf den Fotos dargestellten Moorpackungen habe ich in einem Zeitraum von zwei Wochen mehrfach wiederholt. Dann waren mehrere SPM-Behandlungen möglich. Schon kurze Zeit später wurde das Pony erstmalig wieder geritten. Die Aufnahmen zeigen im Arbeitstrab sowie besonders in der Trabver-

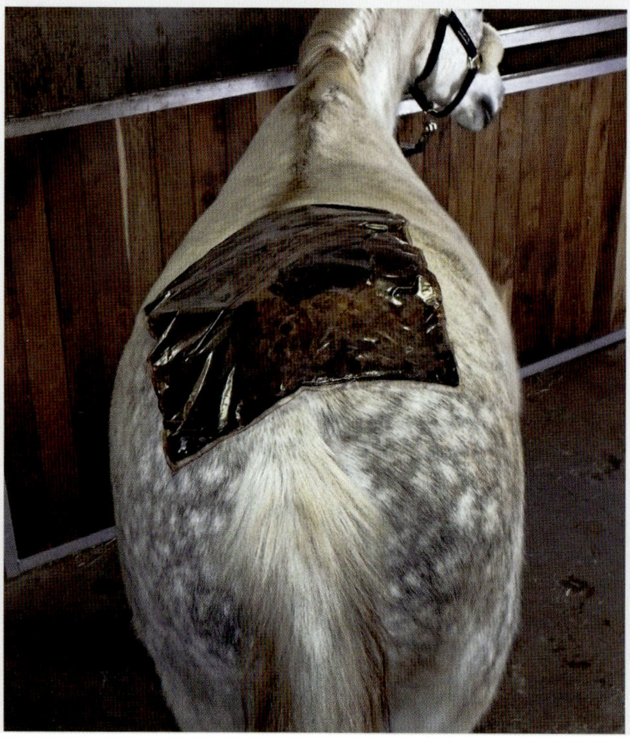

Aufbringen einer Moorpackung. Darauf können dann Warm-up-Kissen als Wärmeträger gelegt werden. Diese Einheit wird am besten mit einer Wolldecke abgedeckt und 30 Minuten auf dem Pferd gelassen.

Kerstin Möllers und ihr Pony Dainty-Girl.

stärkung eine deutlich aktive und unter den Schwerpunkt tretende Hinterhand bei leichter Anlehnung. Die Reiterin strahlte. Es war wieder »ihr« Pony ...

Ein weiteres Beispiel aus den letzten Jahren zeigt, wie wichtig und wirkungsvoll die Anwendung von Moor in Verbindung mit der SPM sein kann.

Ich habe viele Jahre in einem der größten deutschen Gestüte die Hengste und die Pferde im internationalen Springstall betreut. Eines der Pferde, das seinen Reiter zur Vizemeisterschaft bei den Europameisterschaften der Junioren im Springen verhalf, zeigte bei der tierärztlichen Untersuchung einen hoch empfindlichen Rücken. Auf die an mich gerichtete Frage, ob es noch Möglichkeiten gäbe, den Zustand des Pferdes zu verbessern, schlug ich vor, mehrere Behandlungen mit Moor und SPM durchzuführen.
Dies wurde dann über einen Zeitraum von etwa 4 Wochen im Frühjahr regelmäßig gemacht. Mich erstaunte es, wie gut dieses Pferd auf die Behandlung ansprach. Bereits im Herbst wurde mir berichtet, der Wallach hätte in der laufenden Saison noch viele schwere Springen gewonnen, und dies trotz seines schon fortgeschrittenen Alters und offensichtlich ohne gesundheitliche Probleme.
Allerdings wusste ich auf die Frage des Reiters, wie die Mooranwendung im Zusammenhang mit einer eventuellen Doping-Problematik stehen könnte, zunächst keine Antwort. Darüber hatte sich bisher niemand, einschließlich der betroffenen Tierärzte, Gedanken gemacht.
Meine diesbezügliche offizielle Anfrage bei der FN wurde nicht ausreichend beantwortet, mir wurde nach telefonischer Rückfrage lediglich empfohlen, auf dem Turnier derartige Anwendungen nicht vorzunehmen.
Wir haben uns dann darauf geeinigt, mindestens zwei Wochen vor einem Turnierstart kein Moor mehr zu benutzen. Bei diesen Beispielen wird einmal mehr deutlich, welche Behandlungsmöglichkeiten mit der Stresspunktmassage verbunden sind.

Was sollte man bei der Anwendung von Moor wissen?

In der Heilkunde gibt es seit Jahrtausenden Aufzeichnungen über die Anwendung von Schlick und Schlämmen bei den verschiedensten Erkrankungen.
Moor gehört zu den so genannten Peloiden. Dies umfasst alle Formen von Ton, Lehm, Schlick oder auch Heilerde.
Moor wird oft mit Fango verwechselt. Dieser Begriff hat sich im Laufe der Jahre im Volksmund etabliert. Fango wirkt aber im Gegensatz zu Moor nur thermophysikalisch. Das bedeutet: Nur die aufgebrachte Wärme tut ihre Wirkung. Wie an anderer Stelle bereits erklärt, funktioniert Warm-up ähnlich.
Moor hingegen setzt sich aus überwiegend belebtem, organischem Ausgangsmaterial zusammen. Dieses stammt zum Teil aus Pflan-

zen, die eine wichtige Rolle für die Wirksamkeit von Mooranwendungen spielen.
Für den therapeutischen Nutzen von Moor ist es auch von Bedeutung, welche Art von Moor verwendet wird. Gering humifizierte (Wandlungsprozess von Pflanzen, Hölzern etc., die dann zu Moor werden) Moore sind therapeutisch geringer wirksam als stärker zersetzte, so genannte Schwarztorfe.
Die Humifizierung kann als Schlüssel für die Wirksamkeit des Naturstoffes Moor angesehen werden.
Moorkundige sprechen auch vom Moorbukett, wenn es um die Gesamtheit und die Zusammensetzung der Wirkstoffe eines Moores geht.
Interessanterweise findet man im Buch *Moor – altes Naturheilmittel, Neues Wissen für die praktische Anwendung* (Verlag Ch. Klickermann) einige wenige Hinweise auf die Anwendung von Moor bei Tieren.

Bei der Anwendung von Moorpackungen bei Pferden war allerdings für den äußerlichen Gebrauch in der Vergangenheit nur Moor in Pastenform verfügbar. Dieser musste dann erwärmt und auf die betroffenen Körperpartien aufgetragen werden.
Im praktischen Gebrauch und besonders in einer ambulanten Pferdepraxis war dies fast kaum machbar. Die Anwendungen wurden in einzelnen Fällen von Pferdebesitzern oft selber vorgenommen.
Erst mit der Herstellung von fertigen Packungen kamen für den Anwender Produkte auf den Markt, die einfach, sicher und sehr effektiv verwendbar sind.
Die fertigen Packungen werden mit der Gewebeseite auf die Körperfläche gelegt und darauf erfolgt dann die Auflage der Warm-up-Kissen. Ich haben dabei noch nie Abwehrreaktionen der Pferde beobachtet.
Die Durchwärmung dieser Packung erfolgt genau wie beim Menschen: gewünscht ist ein langsamer Temperaturanstieg. Diese beiden Auflagen werden mit einer Decke abgedeckt und bleiben etwa 30 Minuten liegen.
Nach dem Entfernen der Packung muss die erwärmte Körperpartie sorgfältig abgedeckt bleiben, weil eine tief wirkende Durchwärmung der Muskulatur erreicht wurde. Erst nach Erreichen der normalen Körpertemperatur kann mit der weiteren Behandlung begonnen werden.
Die fertigen Moorpackungen werden in der Beschreibung für den Menschen aus hygienischen Gründen nur einmal verwendet. Dies ist beim Pferd nur in zweiter Linie zu betrachten. Bei zwei- oder dreimaliger Anwendung einer Packung gestalten sich also auch die Kosten sehr günstig.
Sobald der Moorstoff allerdings getrocknet ist, sollte die Packung nicht mehr verwendet werden. Die Wirkung ist dann nicht mehr vorhanden.

Ich möchte an dieser Stelle auch auf die Fälle hinweisen, in denen absolut keine derartige Behandlung vorgenommen werden darf:

- **akute Erkrankungen**
- **Fieber**
- **Hautverletzungen/Hautreizungen**
- **Ekzemen**
- **Pilzbefall**
- **tragende Stuten generell**

Sorgfältig abgewogen werden sollte eine Behandlung bei bekannten Arthrosen, bei alten Verletzungen und bei Lymphproblemen.
Wenn Sie sich unsicher sind, holen Sie besser vorher fachlichen Rat ein.

VERSCHIEDENE GERÄTE IM ÜBERBLICK

Wenn Sie Ihr Pferd an den Stresspunkten behandelt und die jeweiligen Muskeln mit rhythmischem Druck gelockert haben, werden Sie vermutlich sehr schnell bemerken, dass Ihnen die Hände und Finger schmerzen. Sicher wird sich dies im Laufe der Zeit bessern, aber eine gewisse Anstrengung ist mit dieser Therapie immer verbunden.

Um Ihnen diese Arbeit etwas leichter zu machen, habe ich die am Markt befindlichen Massagegeräte auf ihre Alltagstauglichkeit geprüft und Pferdebesitzer um ihre Meinung gebeten.
Die meisten positiven Aussagen erhielt ich von dem nachstehend beschriebenen Blue Magic.

Dieses Gerät wurde von erfahrenen Pferdeosteopathen/Pferdephysiotherapeuten entwickelt und zum Patent angemeldet. Seine Wirkung wird wie folgt beschrieben: Es handelt sich um eine rollende Massage-Anwendung. Im Gerät sind magnetisch wirkende Einlagen enthalten. Durch den Rollendruck und die Rollbewegung entsteht eine Verdoppelung der therapeutischen Maßnahme.

Der Stoffwechsel des Körpers basiert maßgeblich auf elektromagnetischer Energie. Bei der Magnetfeldtechnik wird mittels eines magnetischen Induktionsfeldes eine elektrische Spannung erzeugt. Diese nimmt Einfluss auf die körpereigenen Ionen, die an den Zellmembranen wirksam werden, wodurch der natürliche Austausch von - und + geladenen Ionen unterstützt wird. Infolge dessen ergibt

Blue Magic in der Anwendung.

sich eine Regenerationsmöglichkeit von verändertem Gewebe.
Ist der Stoffwechsel der Zelle gestört, wird die Energieversorgung schlechter. Dadurch häufen sich Abbauprodukte in der Zelle an. Durch die Magnetfeldtechnik mit dem Blue Magic entsteht eine verbesserte Sauerstoffzufuhr, bei der es durch Gefäßerweiterung zur besseren Durchblutung des Gewebes kommt. Die Magnetfelder durchdringen den Körper und wirken somit bis in die Zellen.
Über einen längeren Zeitraum angewendet heißt das: Durch die Stimulierung der Zellen wird der Stoffwechsel gesteigert und angefallene Abbauprodukte entsprechend abtransportiert. Soweit der Hersteller.
Pferdebesitzer teilten mir mit, dass dieses System einfach zu handhaben ist. Man kann es sogar mit zum Turnier nehmen und das Pferd vor dem Start großflächig massieren.
Grundsätzlich gilt aber für alle Geräte: Setzen Sie immer Massagegeräte erst dann ein, wenn Ihre Finger oder Hände ein »Problem« gefunden haben und dieses auch behandelt wurde. Noch so gute Technik kann Ihre eigenen Empfindungen und Wahrnehmungen – insbesondere die Druckstärke betreffend – niemals ersetzen, sondern immer nur ergänzen.

Die Arbeit mit Fingern und Händen kann man auch mit thermisch wirkenden Ölen oder Salben unterstützen. Benutzen sie ein mild wirkendes Öl z.B. von Leovet (Massageöl), das sie auf die zu massierenden Punkte auftragen. Beginnen Sie dann mit der Stresspunktmassage. Derartige Öle bewirken eine bessere Durchblutung der betroffenen Partien. Wenn man also weiß, dass gerade Sehnengewebe nur schwach durchblutet wird, macht eine derartige Vorgehensweise Sinn.

Bedenken Sie dabei aber, dass das verwendete Öl nicht nur auf das Pferd wirkt, sondern auch Ihre Finger und Hände betroffen sind. Also nicht so häufig anwenden. Außerdem ist unbedingt abzuklären, ob das Pferd in der nächsten Zeit im Turniersport eingesetzt wird. Fast alle hyperämisierenden (durchblutungsfördernd) Öle, Salben oder Tinkturen beinhalten Campher oder andere im Wettbewerb nicht zulässige Substanzen.

Weitere Massagegeräte

Die nachstehend beschriebenen und in der Arbeit vorgestellten Geräte haben sich in meiner täglichen Praxis sehr gut bewährt. Sicher sind derartige Hilfsmittel häufiger bei beruflich tätigen Therapeuten zu finden als beim Besitzer eines einzelnen Pferdes. Für den privaten Gebrauch macht es dann besonderen Sinn, wenn mehrere Pferde zu trainieren sind.

Da ist als Erstes der schon vor Jahren in Kanada für Mensch und Pferd entwickelte THUMPER minipro 2 zu nennen. Dieses Gerät besitzt drei Massagestufen und ist mit einer patentierten Klopftechnik ausgestattet. Er ist relativ leise. Ich habe kaum ein Pferd erlebt, das eine Massage mit diesem Gerät nicht zugelassen hat.
Meine Vorgehensweise ist wie folgt: Das Gerät zunächst ohne Motor auf die Region SP 14 / SP 15 legen und hin- und herbewegen. In dieser Bewegung wird dann der Motor auf die erste Stufe eingeschaltet.
Toleriert das Pferd diese leichte Vibration, schalte ich die zweite Stufe ein. Diese Stufe wird von mir am meisten gebraucht. Auf den sehr großen Muskelpartien der Kruppe kann auch Stufe drei eingeschaltet werden.
Wenn Sie sich die Lage der Stresspunkte gemerkt haben und sich außerdem noch an den Verlauf der Muskelfasern erinnern, benutzen Sie das eingeschaltete Gerät immer so, dass die Massage quer zum Verlauf der Muskelfaser erfolgt.

Damit erreichen Sie eine nachweislich verbesserte Durchblutung des massierten Muskels.

Der Thumper bei der Anwendung am Pferd.

Massagebeginn am Pferd.

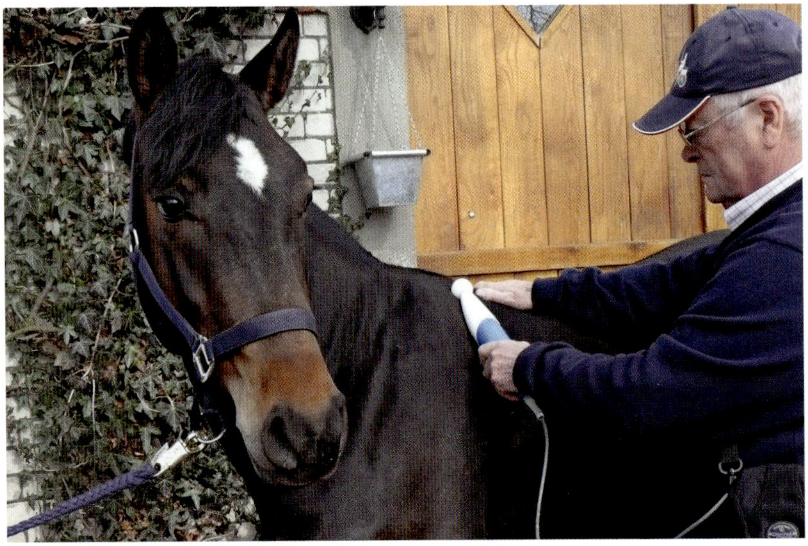

NeuroStim im Einsatz – Neuromuskuläre Stimulationstherapie.

Durch die zwei Massageköpfe können Sie Stresspunkte, die Sie vorher mit dem Daumen oder den Fingern gefunden und behandelt haben, durch Anlegen eines Kopfes auf den Punkt wirkungsvoll nachbehandeln.

Beachten Sie aber dabei immer, die Massageköpfe niemals auf einen Knochen zu halten. Das Gerät fängt sonst sofort an zu springen. Für das Pferd ist das sehr unangenehm. Wenn Sie weiter über den long. dorsi, der ebenfalls quer zur Faser von hinten nach vorne und umgekehrt massiert wird, in den Bereich Schulter und Hals vorgehen, beachten Sie die Reaktion des Pferdes genau. Bei manchen Pferden dauert es eine gewisse Zeit, bis das Gerät am Hals und auch an SP 1 akzeptiert wird. Sollte das Pferd die Behandlung in der Halsregion nicht dulden, gehen Sie an eine Stelle, an der das Pferd die Massage genießt und schleichen sich dann wieder langsam in den Bereich der Vorhand.

Das hier vorgestellte System NST (Neuromuskuläre Stimulationstherapie) hat sich in den letzten Jahren in meiner Praxis ganz besonders zur Behandlung an Stresspunkten und dem damit verbundenen Muskel-Sehnen-Apparat bewährt. Es handelt sich hierbei nicht nur um ein Massagegerät, sondern es stellt eine eigenständige Therapieform, die in etwa mit folgender Wirkung beschrieben wird.

Das von der Firma Overo angebotene System erzeugt je nach Programm oder frei gewählter Einstellung genau definierte Frequenzen. Diese Frequenzen liegen zwischen 8 und 32 Hertz. Damit sollen unspezifische Wirkungen auf den Muskel-Sehnen-Apparat, Anregung der Matrix, Verbesserung der Gleitfähigkeit des Bindegewebes sowie Analgesie erreicht werden (Ausschalten von Schmerzen).

Die Wirkung auf den Muskel-Sehnen-Apparat wird zum großen Teil auf die Erregungs-Dynamik zurückgeführt. Die Muskelspindeln und der Golgi-Sehnen-Körper erhalten einen passiven Dehnungsreiz. Dadurch verschiebt sich die Aktivierungsdynamik des Muskels zeitlich, und die Kraftentwicklung kann schneller erfolgen.

Bei Frequenzen zwischen 16 und circa 29 Hz verbessert sich die Gleitfähigkeit des Bindegewebes und die mechanischen Schwingungen lösen Verklebungen im Gewebe.

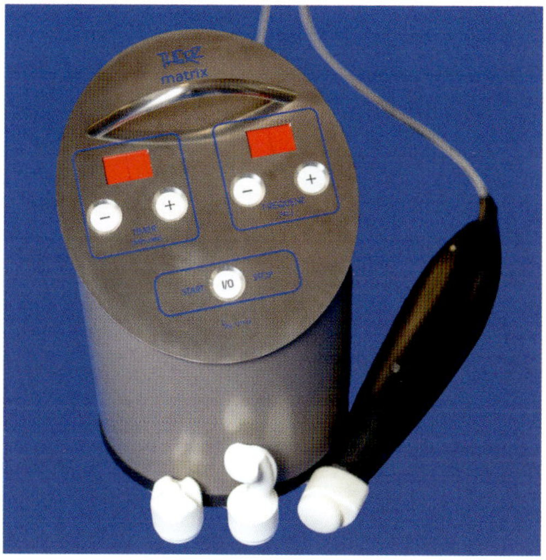

Das hier gezeigte THERZ-matrix-Gerät stellt eine neue Entwicklung dar. Es wirkt ebenfalls auf die Zwischenzellräume (Matrix genannt) und ist durch unterschiedliche Behandlungsköpfe individuell verwendbar.

Der DIPO-Trainer

Eine sehr gute Möglichkeit, das Ergebnis der Stresspunktmassage zu festigen, ist die Verwendung des DIPO-Trainers.
Dieser, nur für den Einsatz an der Longe gedachte Hilfszügel, veranlasst das Pferd, ohne Druck auf das Maul oder das Genick, seinen Rücken aufzuwölben und dabei gleichzeitig seine Bauchmuskulatur zu stärken.

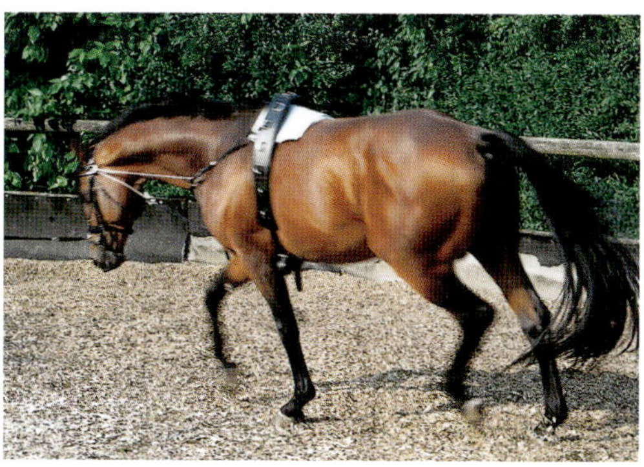

Der DIPO-Trainer in der Anwendung.

Für die Biomechanik des Pferdes ergibt sich durch den Einsatz des DIPO-Trainers folgende positive Bewegungskette:
Wenn das Pferd den Hals nach vorwärts-abwärts dehnt, wölbt sich die Brustwirbelsäule im Bereich des Widerristes und der Sattellage nach oben auf. Die Schulter-Halsmuskulatur wird frei beweglich, die Rippen können sich ihrer anatomischen Anordnung entsprechend zur Seite und nach vorne wölben. Um die ungehinderte Atmung und Zwerchfellbewegung zu ermöglichen, benötigen die genannten Körperteile ihre volle Bewegungsfreiheit.

Durch die gewünschte Aufwölbung ergibt sich anatomisch die logische Folge, dass die Bauchmuskulatur und die so genannte ventrale Muskelkette ebenfalls aktiviert wird. Somit ist dieser Zügel eine sinnvolle Ergänzung, um ein funktionelles Aufbautraining der gesamten Muskulatur zu bewirken. Dies zu erreichen ist letztlich in allen Sparten der Reiterei und des Fahrsportes gefordert.
Gleichzeitig muss aber unbedingt betont werden, dass damit keinesfalls Reit- und Fahrtraining zu ersetzen sind.
Es handelt sich lediglich um ein effizientes ergonomisches Hilfsmittel, das aber freie Beweglichkeit der Gelenke und der Muskeln voraussetzt.
Bevor an den Einsatz eines solchen Hilfsmittels gedacht wird, bitte unbedingt das Pferd auf freie Beweglichkeit aller betroffenen Gelenke und Muskeln untersuchen und sich eine fachgerechte Anweisung zum Gebrauch geben lassen.

Gute Resultate bei Western-Pferden

Über den sinnvollen Einsatz der Stresspunktmassage und der begleitenden Maßnahmen hier die Stimme von Peter Döring, TRIPLE-P-Farm, Essen. Der Vize Europameister 2002/2003 im Reining und Team Penning und erfolgreiche Ausbilder:
Nachdem ich eine SPM-Ausbildung bei Claus Teslau gemacht und mich mit weiteren Details der Physiotherapie am Pferd beschäftigt hatte, ist meine Einstellung zu den Pferden und deren Möglichkeiten völlig anders geworden.
Speziell mit der Stresspunktmassage und geeigneten Dehnungen gelingt es immer wieder, Probleme bei Pferden zu beseitigen oder zumindest zu verbessern.
Früher habe ich oft gedacht, das dass gerade zu trainierende Pferd nicht genügend Klasse oder Bereitschaft zum Mitmachen hat. Heute weiß ich es besser. Speziell in anspruchsvollen Lektionen werden einzelne Muskelgruppen erheblich belastet und die Pferde verweigern bei Schmerzen verständlicherweise die Mitarbeit.
Dies gilt ganz besonders für Pferderassen, die von ihrer Zucht und Rasse nicht unbedingt für Western-Disziplinen geschaffen sind.

SPM bei jungen Pferden

Wie sich die Stresspunktmassage auch bei jungen Pferden während der Ausbildung bewährt, zeigen folgende Bilder und die Aussagen der betroffenen Ausbilder.
Jörg und Petra Pax Lienen/Westfalen betreiben einen Ausbildungsstall für Dressur- und Springpferde. Außerdem besitzen sie viel Erfahrung in der Pferdezucht.

Petra Pax und Compita in einem Stilspringen der Klasse L.

Petra Pax auf der fünfjährigen Aura la Vie in einer Springpferdeprüfung der Klasse A.

Ping Pong, ein international erfolgreiches Fahrpferd, das aber auch in Dressur- und Springprüfungen bis Kl. L erfolgreich ist.

Neben der Ausbildung und Vorstellung verschiedenster Pferde und Ponys auf Turnieren, ist es Petra Pax gelungen, ein von ihr ausgebildetes Dressurpony bis zur Teilnahme am Bundeschampionat zu fördern.

Jörg und Petra Pax

Seit einigen Jahren nehmen wir immer wieder die Hilfe von Claus Teslau in Anspruch. Besonders bei jungen, noch unerfahrenen Pferden kommt es öfter vor, dass auch bei noch so sorgfältiger und altersgerechter Ausbildung muskuläre Probleme entstehen.

Damit aus anfänglich kleineren Problemen keine Krankheiten entstehen, die sich später manchmal nur sehr schwierig beheben lassen, hat sich die Behandlung und Betreuung durch die Stresspunktmassage und begleitende Maßnahmen bei unseren Ponys und Pferden bestens bewährt. Wenn bei einem beginnenden Problem sofort reagiert wird, reicht oft nur eine Behandlung und die Pferde können wieder gearbeitet werden.

Therapeutischer Ultraschall und SPM

Mit einer der wichtigsten ergänzenden Behandlungsmöglichkeiten zur Stresspunktmassage möchte ich mich etwas umfangreicher beschäftigen.

Der angesprochene therapeutische Ultraschall gehört in die Hände eines erfahrenen Therapeuten. Trotzdem ist es für den medizinisch nicht ausgebildeten Leser aber sehr nützlich, von den Möglichkeiten der Ultraschallbehandlung zu wissen.

Fast jeder Mensch hat schon einmal Ultraschall als Diagnose-Hilfsmittel bei seinem Arzt erlebt.

Interessanterweise findet man in der Tiermedizin nur eine geringe Verbreitung in der Therapie. Dies gilt insbesondere für die Anwendung in der ambulanten Pferdepraxis. Die früher zur Verfügung stehenden Geräte waren hauptsächlich für den stationären Klinik- oder Praxisalltag geeignet.

Mittlerweile gibt es aber Geräte, die soweit in ihrer Größe reduziert werden konnten, dass die Verwendung im ambulanten Betrieb (im Pferdestall) ohne Schwierigkeiten möglich ist.

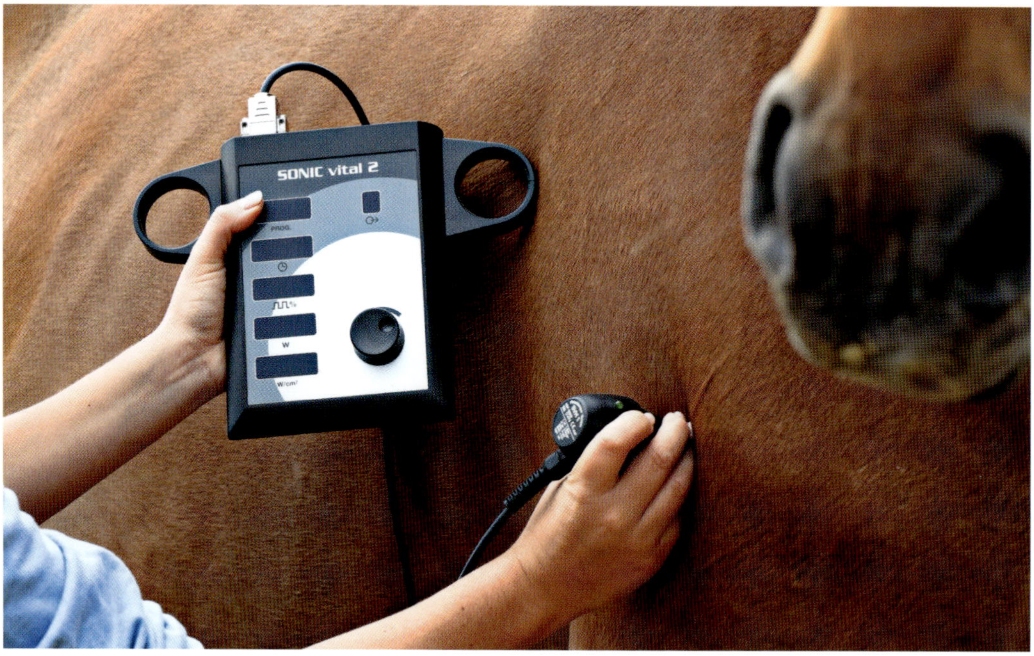

SONIC Vital in der Anwendung am Pferd.

Meine Erfahrung in der Anwendung von Ultraschall in Verbindung mit der Stresspunktmassage ist uneingeschränkt positiv.

Ultraschall-Therapie wird als besondere Form der mechanischen Behandlung bezeichnet.

Von einem Impulsgeber werden mechanische Schwingungen erzeugt. Dadurch entsteht eine wellenartige Bewegung von Gewebeteilchen. Es bildet sich eine Verdichtungszone einerseits und eine Verdünnungszone andererseits. Diese doppelt wirksame Hub-Druck-Wechselwirkung erzeugt in der Druckphase eine Kompression der Gewebsflüssigkeiten. Lässt der Druck nach, entsteht ein Vakuum und es fließt Flüssigkeit nach.

Die Tiefenwirkung und die Fortpflanzung der Schallwellen ist abhängig von den zu durchdringenden Gewebeschichten.

Die oben beschriebenen unterschiedlichen Vibrationen erzeugen Reibung. Damit ist auch Wärmeentwicklung verbunden. Die meiste Erwärmung entsteht am Knochengewebe, danach in Sehnen und Bändern und dann im Muskelgewebe. Das Fettgewebe erwärmt sich am geringsten. Mit diesen nachgewiesenen Tatsachen erklärt sich auch die positive Wirkung bei den jeweiligen Stresspunkten.

Wir befinden uns dort ja entweder im Bereich der Sehnen bzw. im Muskelgewebe.

Die therapeutische Wirkung von Ultraschall kann noch intensiviert werden, indem statt des normal üblichen Ultraschall-Gels als Koppelsubstanz, eine medizinische Salbe, ein Gel oder eine Lotion eingesetzt wird.

Diese als Sonophorese bezeichnete Vorgehensweise ist aus anderen elektro-medizinischen Anwendungen bekannt.

Es muss aber unbedingt darauf geachtet werden, dass viele verwendete Substanzen bei Pferden im Turniersport nicht geeignet sind. Es besteht immer das Risiko, bei einer Dopingkontrolle positiv getestet zu werden. Dies gilt

auch für viele frei zu kaufende Pflegemittel. Oft ist bei diesen Mitteln die Zusammensetzung nicht ausgewiesen.
Anders verhält es sich bei Freizeitpferden oder außerhalb der Turniersaison. Sie werden feststellen, dass in der Kombination Stresspunktmassage mit der Hand, geeignete Dehnübungen und ergänzende Ultraschall-Therapie – mit oder ohne Sonophorese – für ein optimales Ergebnis sorgen.

Dr. Ute Krack-Goertz

Einen besonders beeindruckenden Kommentar zur Wirkung der Stresspunktmassage bei Sport- und Freizeitpferden kam vor einiger Zeit von Frau Dr. Ute Krack-Goertz, Ronnenberg. Sie ist Humanmedizinerin und seit Jahren als Turnier-Richterin aktiv und bestens bekannt.
Anlässlich einer Fortbildungsmaßnahme in Norddeutschland hatte ich einen Vortrag über Stresspunktmassage zu halten. Bei der damit verbundenen Behandlungsdemonstration kam besagte Ärztin zu mir und gab folgenden Kommentar.
Ich habe so etwas erstmalig gesehen und bin sehr beeindruckt. Man kann sagen, das Behandlungsergebnis wird sofort sichtbar. Aber viel wichtiger ist für mich, dass durch eine derartige Behandlung mit Sicherheit etliche gute Pferde weiter im Sport eingesetzt werden könnten, deren Karriere man sonst wegen ungeklärter Rittigkeitsprobleme oder anderer unbekannter Ursachen vorzeitig beendete.
Es ist also außerordentlich wichtig, dass diese Methode weiter bekannt wird und möglichst intensiv in allen Sparten des Pferdesports Eingang findet.

Fallbeispiel Hilary

Für die Fotos der Stresspunkte wurde mir die Stute Hilary zur Verfügung gestellt.
Dafür einen herzlichen Dank an ihre Besitzerin Frau Claudia Mais aus Emsdetten.
Hilary war zum Zeitpunkt der ersten Untersuchung und Behandlung 13 Jahre alt und erst etwa zwei Jahre bei ihrer jetzigen Reiterin. Über die Vorgeschichte dieses Pferdes war wenig bekannt. Sie wird freizeitmäßig geritten sowie in Turnieren der Klassen E/A in Dressur und Springen. Die Stute wurde mir vorgestellt, weil sie sich nur schwierig stellen ließ, außerdem stürmte sie beim Springen immer wieder fast unkontrollierbar gegen die Hindernisse.
Die Stresspunktbehandlung gestaltete sich erstaunlich problemlos, obwohl das Pferd erhebliche Verspannungen aufwies.
Für die weiteren unterstützenden Maßnahmen wurde für zwei Wochen Longieren mit dem DIPO-Trainer angeraten.
Schon einige Tage später teilte mir die Reiterin mit, ihr Pferd würde sich beim Longieren vorbildlich vorwärts-abwärts dehnen. Unter dem Sattel hätte sie ein angenehmes Gefühl. Freunde und Zuschauer erklärten der Reiterin beim anschließenden Training, dass sich das Pferd völlig verändert hätte.

TRIGGERPUNKT-THERAPIE UND DRY NEEDLING BEI PFERDEN

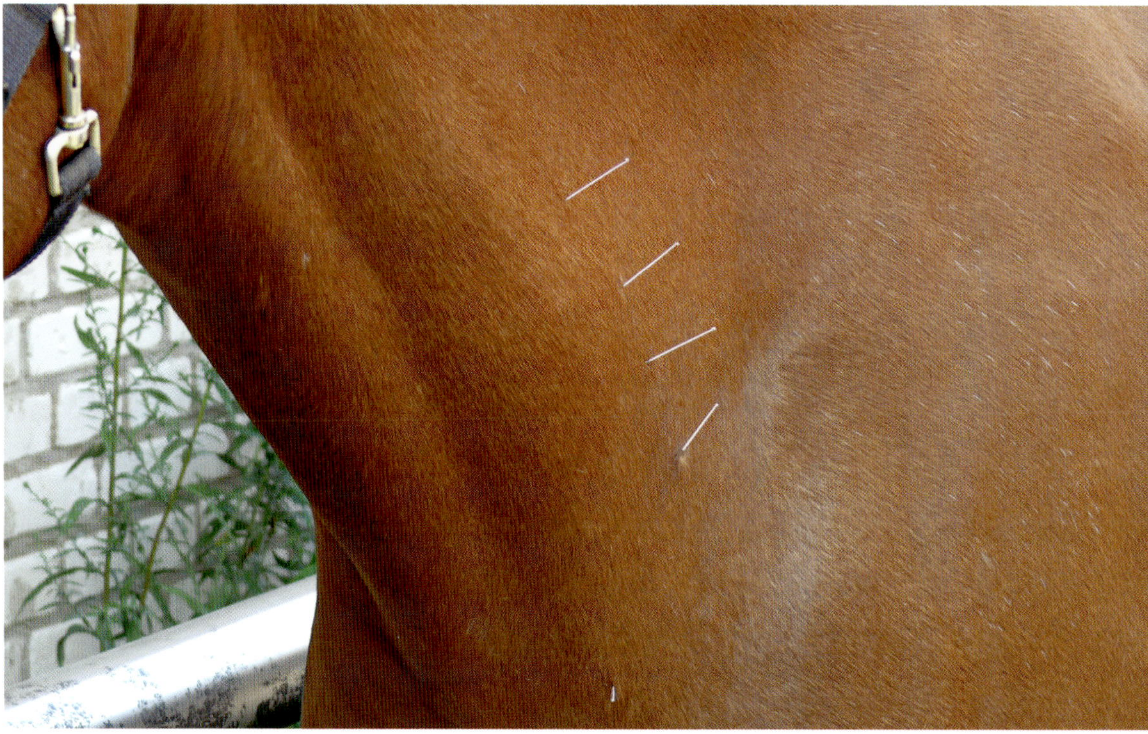

Mögliche Lage der Nadeln am Brachiocephalicus. Fertig genadelter Arm-Kopf-Muskel mit einbezogenem Triggerpunkt am unteren Muskel. Weitere genadelte TP im Übergang von Kruppe zu Rückenmuskulatur.

Voranstellen möchte ich, dass die nachfolgenden Therapien nur in die Hände von entsprechend ausgebildeten Therapeuten gehören.

Da mir in den vergangenen Jahren immer wieder berichtet wurde, dass dieses Buch in Schulen und Ausbildungseinrichtungen auch als Lehrbuch Verwendung findet, ist es mir ein besonderes Anliegen, diese wichtigen Therapien zumindest im Ansatz vorzustellen.

Ebenso glaube ich, dass jeder Pferdebesitzer über die Möglichkeiten neben der Stresspunktmassage mehr wissen sollte, um bei Bedarf einen Therapeuten zu finden, der sich mit den besprochenen Themen auskennt.

Beide Therapien haben sehr viele Gemeinsamkeiten mit der SPM, ergänzen die SPM häufig und stellen äußerst wertvolle Methoden in der Pferdemedizin dar. Sie sind aber andererseits in der deutschen Pferdewelt kaum bekannt.

Wenn ich mir manchmal verschiedene Veröffentlichungen und Seminarbeschreibungen von Pferdetherapeuten anschaue, wird dort meistens kein Unterschied gemacht. Dieser Ansatz ist im Grunde auch nicht falsch. Trotzdem sollten wir die nachfolgende Definition benutzen, da die Stresspunktmassage eine weiter verbreitete und damit bekanntere Therapie ist. Die Möglichkeiten der Triggerpunkt-Behandlung sind bei Pferdeleuten wie schon gesagt weitaus weniger bekannt. Deshalb sollte man nach meinem Verständnis Triggerpunkte und Stresspunkte wie folgt beschreiben und unterscheiden.

STRESSPUNKTE

J. Meagher hat die von ihm beschriebenen 25 Stresspunkte fast immer im Übergang zwischen Muskel-Bauch und Sehne lokalisiert. Es handelt sich demnach um Punktareale in dem beschriebenen Bereich, bei denen Pferde auf Druck mit unterschiedlichen Schmerzsignalen reagieren.

TRIGGERPUNKTE UND DAS MYOFASZIALE SCHMERZSYNDROM

Laut Wikipedia beschreibt das myofasziale Schmerzsyndrom (MSS) ein Krankheitsbild, das durch Schmerzen im Bewegungsapparat gekennzeichnet ist, welche nicht von Gelenken, Periost, Muskelerkrankungen oder anderen neurologischen Erkrankungen ausgehen. Im Gegensatz zur Fibromyalgie liegt beim MSS ein lokal begrenzter Schmerzzustand vor.
Nach übereinstimmender Aussage verschiedener Autoren befinden sich die meisten und vor allen Dingen auch tastbaren Triggerpunkte (TP) fast immer im Muskelbauch, also direkt im fleischigen Teil der Muskulatur.

In der Humanliteratur existieren, meistens in englischer Sprache, wissenschaftliche Abhandlungen über die Entstehung, die Diagnose und die Behandlungsmöglichkeiten von TP. Trotzdem findet man speziell in Deutschland nur wenige Humanmediziner, die sich intensiv mit der Therapie von TP beschäftigen.

Ganz anders verhält es sich in den Niederlanden, in vielen anderen europäischen Ländern und ganz besonders in der Schweiz. Der Schweizer Arzt Beat Dejung und seine Mitarbeiter haben sich besonders intensiv mit Triggerpunkten, den Möglichkeiten der Triggerpunkt-Behandlung allgemein und besonders der Therapie von myofaszialen Schmerzen (Muskel-Faszien) mit der Methode Dry Needling beschäftigt.

Wenn man die Arbeiten von Beat Dejung gelesen hat, dann kann man noch weniger verstehen, warum sich Ärzte in Deutschland so selten mit der TP-Therapie beschäftigen. In seinem Buch »Triggerpunkt-Therapie« gibt es, ähnlich wie bei den Aufzeichnungen von J. Meagher, ausführliche Darstellungen, wo sich beim Menschen Trigger befinden können. Im Geleitwort des Buches von B. Dejung schreibt Prof. Karel Lewit, M.D., DSC. Prag:
»Der Triggerpunkt, wie er heute definiert wird, ist gewiss die häufigste Manifestation des Schmerzes im Bewegungssystem, wenn nicht im Organismus überhaupt.«

Außer den Aufzeichnungen von J. Meagher und meinen ergänzenden Darstellungen und Erfahrungen ist, soweit mir bekannt, in der Pferdemedizin keine weitere Darstellung von Stress- und/oder Triggerpunkten zu finden.
Das Wort Trigger kommt aus dem englischen Sprachraum und bedeutet soviel wie »bewegen« oder »auslösen«.

Etwa um 1950 haben zwei amerikanische Mediziner mit der Forschung und der Veröffentlichung ihrer Erkenntnisse über das Vorhandensein von Triggerpunkten in der Muskulatur von sich reden gemacht. Dies waren Dr. med. Janet Travell (1901–1997 Rheumatologin von J. F. Kennedy) und Dr. med. David G. Simons. Durch spätere Forschungen sind diese Arbeiten von weiteren Humanmedizinern ergänzt und differenziert worden. Zusammenfassend kann man sagen, dass es sich bei einem Triggerpunkt um eine ödematös verquollene Region im Muskel handelt, um überempfindliche Stellen im Muskelgewebe. Generell wird es sich immer um dauerhaft kontrahierte (zusammengezogene) Muskeln handeln. Bei älteren, schon lange bestehenden TP, hat der erfahrene Therapeut den Eindruck, ein Knötchen gefunden zu haben, das sich fast wie Bindegewebe (straffes, wenig dehnbares Gewebe) anfühlt.

So in etwa sieht ein Trigger im Muskel aus (schematische Darstellung):

Besonders in verhärteten Muskelpartien und nach massiven Muskelverletzungen kann man mit Sicherheit davon ausgehen, dass sich dort immer Triggerpunke gebildet haben. Die Reaktion des Pferdes bei Druck auf solche Punkte oder Regionen ist, wie bei der SPM auch, eine Schmerzäußerung unterschiedlichster Art. Dagegen ist Druck auf einen unverspannten Muskel oder eine Muskelregion dem Pferd vielleicht unangenehm, aber nicht schmerzhaft.

Bei weiteren Untersuchungen wurde festgestellt, dass in einem Triggerpunkt so gut wie kein Stoffwechsel mehr existiert. Ebenso ist die elektrische Spannung in der TP-Region verändert. Eine Besonderheit, die umso mehr das Wissen und die Besonderheiten zur Behandlung von TP verlangt, ist die nachgewiesene Tatsache, dass auch nach dem Tod immer noch TP vorhanden und nachweisbar sind (siehe dazu Beat Dejung »Triggerpunkt-Therapie« Seite 26). Dies lässt den Rückschluss zu, dass Pferde mit Muskelproblemen und TP in ihrem Bewegungsablauf immer schwache oder auch starke Schmerzen erleiden. Oft merken wir anfänglich nichts

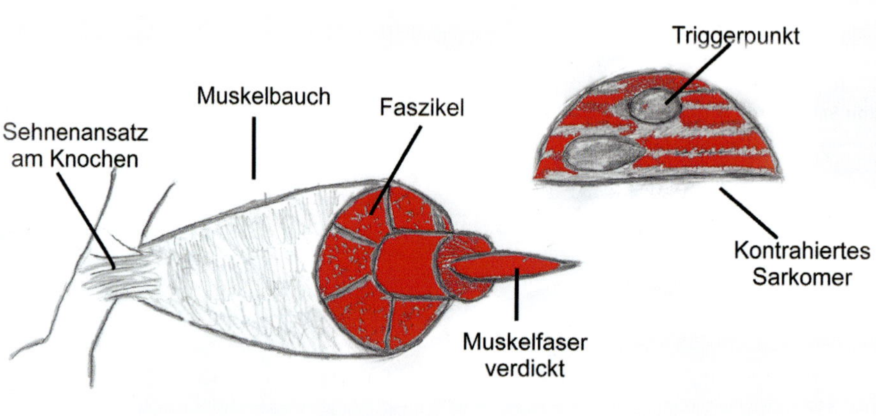

Denise Gerling

… ist Human-Physiotherapeutin, Sporttherapeutin, Sport- und Gymnastiklehrerin, DIPO-Pferdeosteotherapeutin sowie FN-Pferdephysiotherapeutin.

davon, weil Pferde wirkliche Meister im Kompensieren sind.
Eine Möglichkeit, Triggerpunkte manuell zu behandeln, beschreibt Denise Gerling, eine erfahrene Kollegin, hier folgend.

Manuelle myofasziale Triggerpunkt-Therapie – Unterscheidung zur SPM

Es gibt nicht nur unterschiedliche Thesen über die Entstehung von Stress- bzw. Triggerpunkten, sondern auch verschiedene Behandlungsansätze. Zudem befinden sich Stresspunkte hauptsächlich im Muskel-/Sehnenübergang, während Triggerpunkte auch im Muskelbauch zu finden sind.

In der SPM wird in drei Schritten gearbeitet

1. Punktueller Druck
2. Punktuelle Massage quer zur Muskelfaser
3. Rhythmisches Drücken mit anschließen der passiver Dehnung der entsprechenden Körperpartie

Speziell in der SPM bedient man sich in erster Linie zur Diagnose und Therapie der von J. Meagher und Claus Teslau beschriebenen Punkte.

Muskel-Triggerpunkte

Triggerpunkte in der Muskulatur sind, wie schon vorher von Prof. Dr. Karel Lewitt formuliert, offensichtlich die hauptsächliche Ursache für die Entstehung von Schmerzen und führen unbehandelt zur Chronifizierung dieser.
Man bezeichnet Verdickungen bei kranken Muskelfasern, deren Stoffwechsel gestört ist und die eine deutlich gesteigerte neuro-muskuläre Aktivität aufweisen, als TRIGGER.
Dadurch, dass immer wieder Signale zur Kontraktion des betroffenen Muskels gegeben werden, entsteht eine sogenannte Energiekrise. Damit verbunden ist immer eine Minderdurchblutung der Muskelfasern, die sich verkürzt und vor allem als tastbares Knötchen verdickt darstellt. Das führt zu einer eingeschränkten Beweglichkeit, zu Schmerzen, Verdickungen und vor allem zur Anfälligkeit für Verletzungen.
Es ist, bekannt, dass derartige Veränderungen in der Muskulatur unbehandelt sowohl unter Narkose als sogar über den Tod hinaus weiter bestehen.

Erst eine geeignete Behandlung, die für eine bessere Durchblutung sorgt und demnach auch vermehrt Sauerstoff in das betroffene Gebiet bringt, wird die Beweglichkeit und die normale Funktion des Gewebes zurückbringen.

Denise Gerling bei der Behandlung.

Triggerpunkt-Therapie

In der myofaszialen Triggerpunkt-Therapie beginnt man ebenso mit direktem punktuellen Druck gefolgt von einer Massage, die aber hier in Faserrichtung erfolgt. Das bindegewebige Knötchen wird hierbei in Längsrichtung auseinandergezogen. Danach erfolgt eine Faszientechnik für die oberflächliche Faszie des entsprechenden Muskels unter Vordehnung.

Myofasziale Triggerpunkt-Therapie

1. Punktueller Druck
2. punktuelle Massage in Faserrichtung
3. Faszientechnik für die oberflächliche Faszie des Muskels unter Vordehnung (wenn möglich)

Im Humanbereich wird in der myofaszialen Triggerpunkt-Therapie nach dem anfänglichen punktuellen Druck mit einer aktiven Technik die Wirkung des Triggers dadurch verstärkt, dass der Patient aktiv den Muskel anspannt (Verstärkung der neuromuskulären Regulation). Dies ist beim Pferd aber kaum so differenziert möglich.

Beide Therapieformen – SPM und myofasziale Triggerpunkt-Therapie – verfolgen das gleiche Ziel: Die Normalisierung der Muskelspannung (Tonus) und die Hemmung des Hypertonus oder Reduzierung der Verspannung, die Steigerung bzw. Verbesserung der Durchblutung sowie außerdem die Auflösung der bindegewebigen Knötchen und Verklebungen der Muskelfasern, um die Dehnfähigkeit und somit die Kontraktions- und Leistungsfähigkeit des Muskels wieder herzustellen und schließlich Schmerz zu reduzieren. Nur ein entspannter Muskel kann sich wieder anspannen – soweit Denise Gerling.

Ein wesentlicher Unterschied bei diesen beiden Therapieformen ist jedoch, dass es beim Pferd zumindest Aufzeichnungen über die Lage von wichtigen Stresspunkten gibt, während bisher keine zuverlässigen Angaben über die mögliche Lage von TP bei Pferden existieren. Hier ist zuerst einfühlsames Ertasten und Finden von lokalen Verhärtungen in der Muskulatur nötig. Sofern das Pferd dann bei einer gefundenen Verhärtung oder auch bei einem vermeintlichen Knötchen auf Druck mit deutlichen Schmerzsignalen reagiert, hat man ziemlich sicher einen TP gefunden.

DRY NEEDLING

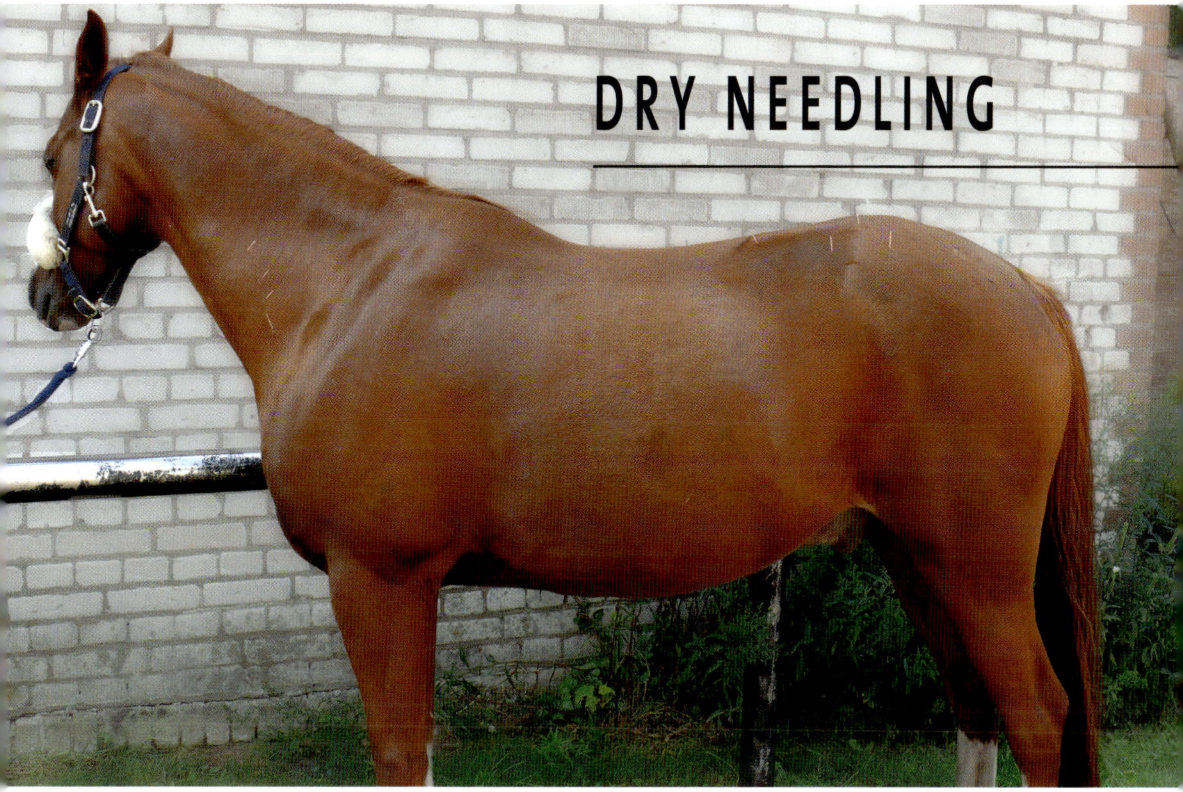

Dieses Pferd genießt offensichtlich die entspannende Wirkung der vielen Nadeln in seinem Körper. Die Augen sind fast geschlossen.

Dry Needling (trockenes Nadeln) ist eine der wichtigsten Möglichkeiten, Triggerpunkte zu behandeln. Diese Therapie, das Nadeln von gefundenen TP, hat sich nach den Arbeiten und Aufzeichnungen von J. Travell entwickelt.

Als Rheumatologin des ermordeten US Präsidenten J. F. Kennedy, der sein Leben lang unter heftigen Schmerzen litt, injizierte Travell in die TP der Muskulatur von Kennedy zunächst in niedriger Dosierung Procain (lokales Betäubungsmittel). Weitere Maßnahmen, wie beispielsweise die Entwicklung eines besonderen Stuhles, der eine günstige Sitzposition des Präsidenten ermöglichte, gestatteten, dass Kennedy sein Amt überhaupt ausführen konnte. Travell wurde Kennedys Leibärztin. Später wurden neben Procain auch andere Substanzen in TP injiziert. Erst vor einigen Jahren hat man dann entdeckt, dass es gar nicht nötig ist, eine medizinische Substanz zu injizieren, sondern dass allein die Anwendung bzw. der tiefe Stich einer Nadel (dünne Akupunkturnadel) in die Muskulatur den gleichen auflösenden Effekt des TP erzielt.

Das hat insbesondere Prof. Dr. med. Alfred Pischinger in seinen Forschungen und in seinem Buch »Das System der Grundregulation« (1975, Karl F. Haug Verlag) – dort speziell in seinen Arbeiten zum Stichphänomen – aufgezeichnet und bewiesen.

Pischingers Arbeiten bezogen sich zwar ausschließlich auf die Reaktionen beim Menschen, wir können aber davon ausgehen, dass es sich beim Pferd ähnlich verhält.

Ich selber bin durch die schon mehrfach zitierten Arbeiten des Schweizer Arztes B. Dejung darauf aufmerksam geworden. Nachdem ich Kontakt mit Humanmedizinern und speziell mit einem Schmerztherapeuten hatte, der die Triggerpunkt-Therapie erfolgreich bei mir selbst anwendete, hat es mir keine Ruhe mehr gelassen. Ich wollte unbedingt mehr darüber erfahren.

Vorweg möchte ich klarstellen, dass Dry Needling außer der Nutzung gleicher Nadeln nichts mit Akupunktur zu tun hat. In der Humanmedizin werden unterschiedlichste Akupunkturnadeln verschiedener Länge benutzt. Bei Pferden hingegen nimmt man zum Dry Needling nur unbeschichtete Stahlnadeln, die durchaus eine Länge von 5 bis 7 cm haben können. Da aber die Anwendung von Dry Needling bei Pferden bisher in Deutschland kaum bekannt ist, habe ich nach einer Ausbildungsmöglichkeit gesucht. Wie zu erwarten, habe ich trotz umfangreicher Suche keine Ausbildungsangebote in Deutschland zu dieser Therapieform gefunden. Meine ersten Eindrücke habe ich dann bei einer Fortbildung bei der in den Niederlanden lebenden und arbeitenden Andrea Schachinger bekommen. Nach ersten Behandlungen bei Pferden, die eine besonders empfindliche Rückenmuskulatur aufwiesen, war ich doch sehr erstaunt, welche Ergebnisse mit Dry Needling möglich sind.

Beispiele

Einer meiner ersten Patienten war das Pferd Frodo von Christiane Bischoff aus Steinfurt, das mir mit erheblichen Rittigkeitsproblemen vorgestellt wurde. Nach der ersten Behandlung im Sommer 2012 wurde mir mitgeteilt, dass das Pferd ein völlig neues Reitgefühl vermitteln würde. Nachdem zu einem deutlich späteren Zeitpunkt durch eine Schlagverletzung Frodo für einige Zeit nicht trainiert werden konnte, bat mich die Reiterin erneut um eine Untersuchung und Behandlung. Die noch bestehenden aktiven Triggerpunkte wurden von mir genadelt und danach konnte Frodo ohne weitere Probleme geritten werden. Frau Bischoff reitet zwar keine Turniere, ist aber durch regelmäßiges Training und Unterricht eine sehr engagierte und gute Dressurreiterin.

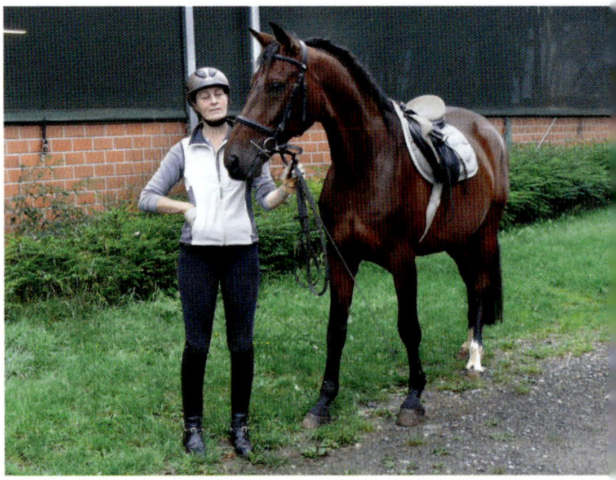

Christiane Bischoff und Frodo.

Ein Beispiel dafür, dass nach nunmehr fast zwei Jahren regelmäßiger Betreuung etliche Probleme, die auf verspannte Muskulatur zurückzuführen sind, hauptsächlich durch die Therapieform Dry Needling beseitigt werden können, liefern die Stute Fandela und ihre junge Reiterin Julia Werning, Saerbeck/Westf. Sie haben etliche Siege und Platzierungen bis hin zur schweren Klasse erreicht. Julia wurde mit ihrer Stute aufgrund vieler Erfolge erstmalig zu den deutschen Meisterschaften der jungen Reiter eingeladen.

Julia Werning auf dem Turnier in Lienen 2013.

Erst vor kurzer Zeit hatte ich eine durch einen Unfall verletzte erst 6-jährige Stute zu behandeln. Nachdem das Pferd tierärztlich als klinisch ausgeheilt beschrieben wurde, zeigten sich jedoch weiterhin erhebliche muskuläre Probleme im Rücken. Zunächst wurde das Pferd osteopathisch untersucht und behandelt. Dies brachte jedoch laut Reiterin nicht den erwünschten Erfolg. Nach nur einer Sitzung und Anwendung des Dry Needling waren die Rückenschmerzen verschwunden. Wenn ich es nicht selber geprüft hätte, hätte ich das nicht für möglich gehalten.

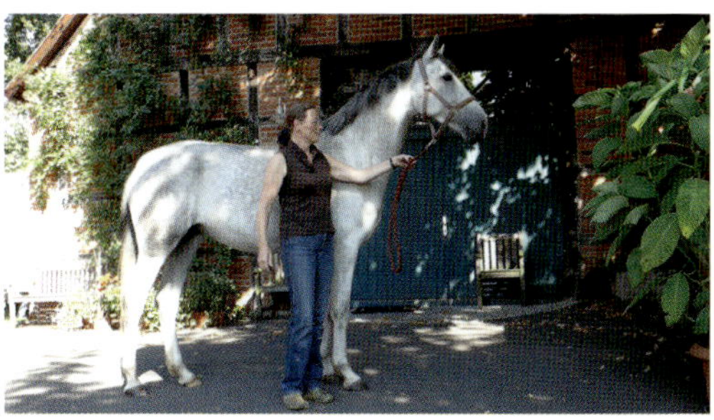

Edda Hübert mit ihrer Stute Pauline.

Ein in den Niederlanden geborenes jetzt 9-jähriges Reitpony ist ebenso ein interessanter Fall. Es kam als Zweispänner-Pony in den Stall des jetzigen Besitzers. Dieser hatte aus gesundheitlichen Gründen sein Gespann kaum gefahren, dann aber kurz nachdem das Pony angespannt wurde, bemerkt, dass es kaum im Trab zu fahren war. Beim Wechsel der Gangart traten Taktfehler auf, es wollte mehr auf der Stelle galoppieren und konnte kaum Schritt gehen. Ich hatte dann Gelegenheit, hier eine erste kurze Untersuchung an den bekannten Stresspunkten vorzunehmen. Das Ergebnis war schon erschreckend. An den meisten Punkten zeigte dieses Pony erhebliche Schmerzäußerungen. Nach einer ersten kombinierten Behandlung mit Stresspunktmassage und Dry Needling wurde das Pony erneut zum Fahren angespannt. Der Besitzer berichtete, dass das Pony erstmalig im Trab zu fahren war. Der Schritt war allerdings immer noch nicht zufriedenstellend.
Beim Versuch, es zu longieren, klappte alles auf der linken Hand recht ordentlich, auf der rechten Hand dagegen war eine geregelte Gangart nicht möglich. Ich behandelte es abermals.

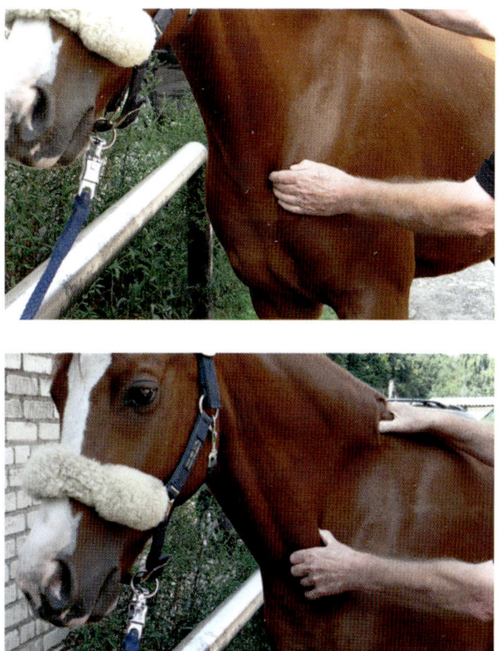

Untersuchung des M. brachiocephalicus und seiner Umgebung.

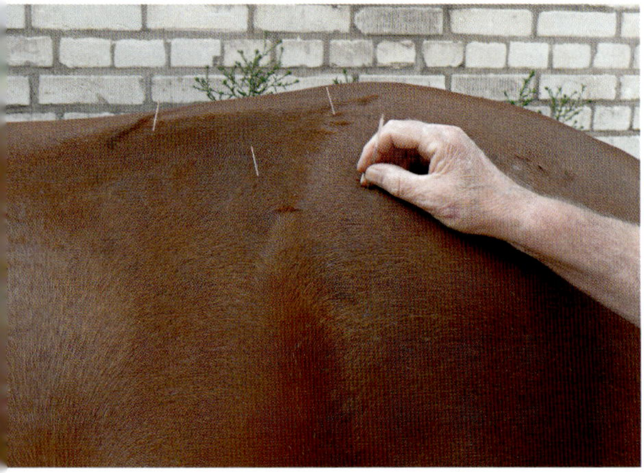

An einzelnen Nadeln ist zu erkennen, dass sich die Haare des Pferdes regelrecht an der Nadel hochziehen.

Danach entschloss man sich dazu, das Pony von einem fachlich kompetenten Bereiter anreiten zu lassen. Was ebenfalls links gut ging. Auf der rechten Hand zeigten sich zuerst noch kleine Probleme, die sich aber kurzfristig positiv veränderten.

Diese und weitere positive Erfahrungen mit der Behandlung von TP durch Dry Needling möchte ich zum Nutzen unserer Pferde vertiefen und vor allem auch weitergeben.
Dazu werden gemeinsam mit meiner Kollegin Denise Gerling jetzt und in Zukunft Fortbildungsangebote für Pferdetherapeuten entwickelt und durchgeführt. Von einer Teilnehmerin aus dem Kurs im Frühjahr 2013 haben wir über die bisherigen Erfahrungen mit Dry Needling per E-Mail folgende Meinung erhalten.

Hallo Herr Teslau,
ich freue mich sehr, von Ihnen zu hören.

Dank Ihnen habe ich endlich meinen Weg gefunden und behandele meine pferdischen Patienten beinahe ausschließlich per Triggerpunkt-Therapie. Zusätzlich habe ich sehr gute Erfahrungen mit dem Dry Needling im Lumbosakralbereich gemacht. Bei sehr empfindlichen Patienten benutze ich neuerdings auch einen Laser zur Behandlung der Dry Needling-Punkte, wobei ich bislang das Gefühl habe, dass der Erfolg mit Nadeln größer ist, aber ich werde das weiter testen und beobachten ...
Ich bin Ihnen für das Seminar immer noch sehr dankbar ... Ich konnte dank dem erweiterten Wissen einem Pferd, was von mehreren Therapeuten und Tierärzten als austherapiert eingestuft wurde (komplett durchgeröngt, eine Odyssee von allen Dingen, die so üblich sind – Pferd lahmt extrem, selbst im Schritt, und keiner konnte sich erklären, woran es liegt), erfolgreich helfen. Nach zwei Behandlungen lief sie erstmalig lahmfrei ... Was soll ich sagen? Ich hatte nicht vermutet, dass gerade ich nun Hilfe leisten kann und wurde positiv überrascht!
Das ist Ihr Verdienst! Danke!

Viele liebe Grüße,
Christin Ochs

Daneben pflegen wir Kontakte zu niederländischen Therapeuten und Schulen, die sich ebenfalls mit Dry Needling bei Pferden beschäftigen und teilweise über längere Erfahrung mit dieser sehr wirkungsvollen Therapie verfügen. Sicher wird da in Zukunft auch Erfahrungsaustausch und Meinungsbildung betrieben.
Bereits jetzt gibt es Verbindungen und einen Meinungsaustausch mit Nympha Minaar (www.paardendryneedling.nl), die erfolgreich mit ihrer Ausbildung Dry Needling bei Pferden und Hunden in den Niederlanden tätig ist.

Untersuchungsgänge und Behandlungstechnik

Im Allgemeinen sollte das Pferd sauber geputzt und trocken sein. Das Pferd wird zunächst an den bekannten Stresspunkten untersucht und entsprechend behandelt, dann sorgfältig auf lokale Verhärtungen oder verbleibende Schmerzreaktionen untersucht. Hat man durch Druck auf die Muskulatur einen Schmerzpunkt gefunden, indem sich im »besten Fall« auch noch eine kleine Verhärtung befindet, kann man sicher sein, einen Triggerpunkt gefunden zu haben. Dann wird die Nadel wie beschrieben unter leichten Drehungen in den Muskel vorgeschoben. Sofern man einen TP sicher gefunden hat oder sich in der unmittelbaren Nähe des TP befindet, gibt es, während die Nadel eingeschoben wird, im besten Fall eine sogenannte lokale Zuckungsantwort (local twitch). Es handelt sich um eine meist sehr kurze Hautzuckung, die den Hinweis gibt, richtig genadelt zu haben. Sollte es gelingen, einen TP genau zu lokalisieren, indem man z.B deutlich ein pastöses Knötchen ertastet hat, empfiehlt es sich, diesen Punkt nicht direkt zu stechen, sondern besser in der unmittelbaren Umgebung die Nadel zu setzen.
Einen TP mit der Nadel direkt zu treffen bedeutet manchmal, einen blitzartigen Schmerz zu verursachen, der dann einen Fluchtversuch des Pferdes zur Folge haben kann. Demnach das Pferd nie anbinden und den Helfer auf eine mögliche Reaktion hinweisen.

Nach der Behandlung bekommt das Pferd zwei Tage Trainings-Pause. Kein Reiten, Fahren oder anderweitige Belastung. Nur Weidegang oder Paddock-Nutzung sind empfehlenswert – also freie Bewegung. Danach wird wieder je nach Trainingszustand des Pferdes gearbeitet.

Man benutzt handelsübliche Einmal-Akupunkturnadeln, jedoch sollten diese ein Führungsröhrchen haben. Dies gestattet es, die erste Hautschicht (Cutis) durch einen kleinen, intensiven Impuls auf den überstehenden Teil der Nadel zu durchstechen. Das ist nahezu schmerzfrei für das Pferd. Es ist unbedingt darauf zu achten, dass der Griff der Nadel absolut fest auf der Nadel sitzt. Ich konnte häufig beobachten, dass das Entfernen der Nadel sich so darstellte, als sei die Nadel regelrecht im Muskel festgeklebt. Wenn dann der Griff (z.B. Kupferwendelgriff) abrutscht, hat man ein massives Problem, den Rest der Nadel zu ziehen. Ebenso kommen nur Nadeln infrage, die sich sehr gut verformen lassen, ohne dabei zu brechen. Durch Muskeltätigkeit kommen manchmal völlig verformte Nadeln wieder zum Vorschein.
Ebenfalls sollten keine beschichteten Nadeln gebraucht werden. Die unbeschichtete Stahlnadel sorgt beim Einstechen für eine ganz kurze elektrische Entladung im oder am Triggerpunkt. Bei silikonbeschichteten Nadeln ist dieser Effekt nicht zu erwarten.

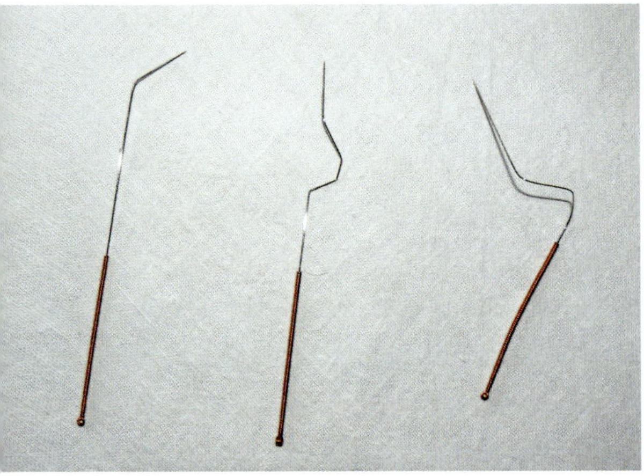

Solche Nadeln habe ich aus einem Pferdemuskel geholt.

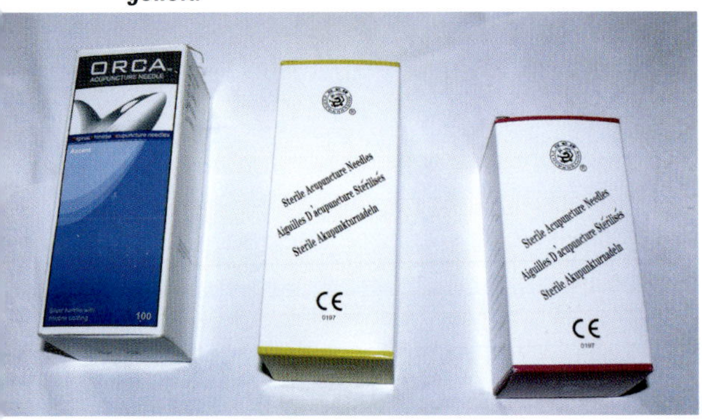

Mit Nadeln der Fabrikate Orca oder Cloud&Dragon sind in der Pferdebehandlung gute Erfahrungen gemacht worden.

Die bei der SPM beschriebenen Kontraindikationen sind hier genauso zu beachten sowie außerdem, dass nicht in allen Körperbereichen genadelt werden darf.

Nach einer Behandlung mit Dry Needling gibt es kein Dopingproblem und es ist auch keine unerlaubte Medikation, diese Info für alle Pferdesportler, die an Turnieren teilnehmen.

Eine weitere Therapie, Triggerpunkte zu behandeln, ist die Nutzung von ESWT (extrakorporale Stoßwellentherapie), die in der Pferdemedizin bei verschiedenen Indikationen seit einigen Jahren oft eingesetzt wird. Bei Menschen wird dies u.a. von dem Münchner Arzt Dr. Bauermeister praktiziert.

Schon vor einigen Jahren hatte ich Gelegenheit, in der Pferdeklinik Mühlen/Oldbg. mit Dr. med. vet. H. J. Genn einen Versuch mit ESWT bei aktiven TP und Stresspunkten zu machen.

Der erste Patient (Reitpony) gestattete die Behandlung aber nur mit der geringsten Intensität des Gerätes. Bei einer direkten Kontrolle vor Ort, ob noch Druckschmerzen an den festgelegten Punkten bestehen, war zunächst keine Verbesserung zu bemerken. Später berichtete der Besitzer, das Pony sei wohl deutlich besser in der Bewegung und bei der Arbeit. Beim zweiten Patienten war schon zu Beginn der Behandlung deutliche Abwehr zu spüren. Da mit einer Sedierung keine Erfolgskontrolle möglich ist, haben wir darauf verzichtet.

Weitere Versuche hat es bisher in meinem Umfeld nicht gegeben. Inwieweit eine solche Behandlung unter tierärztlicher Beteiligung und Kontrolle Erfolg haben könnte, bleibt abzuwarten.

Schlussbemerkungen

Mit der Beschreibung dieser interessanten Therapie kann es sich nur um eine erste und hoffentlich interessante Information handeln. Für die tatsächliche Ausübung durch Pferdetherapeuten ist es unerlässlich, dieses Verfahren genau kennen zu lernen. Insbesondere sind sehr gute anatomische Kenntnisse Grundvoraussetzung.

Weiterhin habe ich versucht, mit diesem Buch den Pferdemenschen in Deutschland und wo auch immer das Buch sonst noch gelesen wird, die Behandlungsmethoden Trig-

gerpunkt-Therapie und Dry Needling bekannt zu machen, die bisher nur von sehr wenigen Therapeuten eingesetzt werden oder kaum beachtet wurden. Begonnen hat alles mit der Stresspunktmassage nach J. Meagher. Meine bisherigen persönlichen Erfahrungen mit Dry Needling und den Behandlungsergebnissen meiner Kollegin Denise Gerling sind sehr erfolgreich gewesen. Ich bin davon überzeugt, damit eine weitere, besonders interessante therapeutische Behandlungsmöglichkeit zum Wohle unserer Pferde vorgestellt zu haben.
Es wäre wünschenswert, wenn es auch in Deutschland zu einem Erfahrungsaustausch aller Pferdetherapeuten kommen könnte, die sich jetzt und in Zukunft mit dieser Therapie beschäftigen.

Auf den Seiten www.pferdedryneedling.de und www.teslau.de gibt es Kurstermine für Pferdetherapeuten, die unter anderem Dry Needling erlernen möchten.

Nützliche Adressen

Pferdephysiotherapeut und Tierheilpraktiker
Claus Teslau
Birkenpilzweg 87
D-48432 Rheine
Tel.: 05975 919137
E-Mail: info@teslau.de
Internet: www.teslau.de
und www.pferdedryneedling.de

Pferdephysiotherapeut
Oliver Dörpinghaus
Prenzlauer Allee 199
D-10405 Berlin
Tel.: 0178 7744 000
E-Mail: info@doerpinghaus.net
Internet www.doerpinghaus-teslau.de
facebook: Oliver Dörpinghaus-Physio for Horses
Instagram: physioforhorses

Bezugsadresse des Gerätes Blue Magic
Klaus Knipping GmbH Kunststofftechnik
Paul-Gerhardt-Straße 7
58762 Altena
E-Mail: k.knipping@t-online.de

Besondere Empfehlung des Autors als equimag-Premium-Beratungspartner:
equimag GmbH
Riedstraße 2
D-64295 Darmstadt
Tel.: 06151 3076747
E-Mail: info@equimag.de
Internet: www.equimag.de

Bezugsadresse des NeuroStim Gerätes OVERO
Constanze Fritsche
Hauptstr. 8
87675 Stötten/Steinbach
Tel.: 08349 976098
E-Mail: contact@overo.de
Internet: www.overo.de

Bezugsadresse der Warm-up-Wärmeträger
Wehrle GmbH
Schmiedbach Str. 14
76462 Bietigheim
Tel.: 07245 937893
E-Mail: info@wehrle-gmbh.de
Internet: www.wehrle-gmbh.de

Bezugsmöglichkeiten von Moorpackungen
z. B. Karlsbader Moorpackungen
Internet: www.couppee.de

Folgen Sie uns für mehr Infos zu unseren Pferdebüchern auf:
www.instagram.com/muellerrueschlikon.pferd
www.facebook.com/muellerrueschlikonverlag

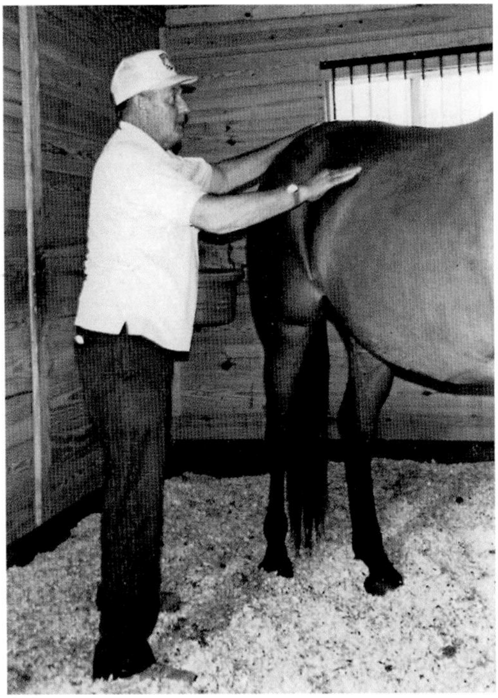

John M. Meagher

John M. Meagher (gesprochen Mar, überall nur unter dem Namen Jack bekannt) wurde in Gloucester (USA) geboren. Interessanterweise hat er seine ersten Massagekenntnisse von einem deutschen Kriegsgefangenen aus dem Zweiten Weltkrieg erhalten.
Danach erwarb er an mehreren Instituten die Grundlagen für seine spätere erfolgreiche physiotherapeutische Arbeit. Seine ersten Erfahrungen mit der Sportmassage sammelte er bei der Behandlung von Footballspielern. Seine Ergebnisse waren schon damals bemerkenswert.
Seine Theorie: Ein Muskel ist ein Muskel – egal ob beim menschlichen Sportler oder beim Sportpferd. Die Aufgaben der Muskulatur sind bei beiden dieselben.
Dokumentiert wurde seine erfolgreiche Arbeit schon im Jahre 1970. Bereits sechs Jahre später war seine Methode soweit akzeptiert und bekannt, dass er 1976 die amerikanische Equipe zu den Olympischen Spielen nach Montreal begleitete.
Seine Erfolge bei Sportpferden aller Disziplinen führte ihn sogar 1984 nach Ungarn zur Weltmeisterschaft der Vierspänner. Dort behandelte er unter anderem das Pferd Harold des damaligen schwedischen Weltklassefahrers Nikki Pahlsson. Nikki Pahlsson über die Behandlung: »Nachdem Jack mein Pferd behandelte, konnten wir die anspruchsvolle Geländefahrt problemlos bewältigen. Der Gewinn der Silbermedaille in der Mannschaft war dann für uns ein tolles Ergebnis. J. M. hat wesentlich dazu beigetragen.«

Jahrzehnte später, zum Tode von J. M. im März 2006, sagte Patrick Lynch, Manager im Pferdezentrum Gladstone (USA): »If it didn't work, we wouldn't have used him.«
(Wenn sein System nicht funktioniert hätte, hätten wir ihn nicht eingesetzt.)
Zu Recht wird J. M. heute als Vater der Pferdesportmassage bezeichnet. Er selbst antwortete 1984 auf die Frage nach der Wirksamkeit seiner Technik: »Fragen Sie nicht mich, fragen Sie die Pferde.« Mir hat J. M. 2001 mitgeteilt, dass seine Methode im Rahmen einer wissenschaftlichen Studie den Nachweis der Wirksamkeit bekommen soll. Durch seine beginnende Krankheit konnte er selber dieses Vorhaben und ein weiteres Buch nicht realisieren.
Seine Nachfolgerin und langjährige Mitarbeiterin Jo Ann Wilson berichtete mir dann Anfang 2006, dass sie die Arbeiten zu dieser Studie beendet habe. Die Ergebnisse wurden im Sommer 2001 im Journal der AMTA (American Massage Therapie Association) veröffentlicht. Die von J. M. immer wieder beschriebene und geforderte Verbesserung der Beweglichkeit wurde in der Studie nachgewiesen.
Damit ist die Methode Stresspunktmassage nach den Kriterien des J. M. – direkter Druck, Querfriktion der Muskelfasern und rhythmischer Druck über den gesamten Muskel – wohl die erste und wahrscheinlich auch einzige Massagemethode, deren Wirksamkeit wissenschaftlich bewiesen ist.

John M. Meagher starb am 6. März 2005 in Rowley, Massachusetts, im einundachtzigsten Lebensjahr.